煤炭清洁高效利用探索与实践

MEITAN QINGJIE
GAOXIAO LIYONG
TANSUO YU SHIJIAN

张文辉　编著

化学工业出版社
·北京·

内容简介

本书结合作者三十余年从事煤炭清洁高效利用研究和管理工作经验，融合国家重点科研项目和国际合作项目成果，汇总展示了作者在煤炭清洁高效利用领域的探索与实践。本书分煤炭质量管理与煤炭提质加工技术、活性炭（焦）制备与活性焦烟气净化技术两部分，共收录作者不同时期发表的技术和管理文章35篇，既有煤炭清洁高效利用的理论知识，又有煤炭清洁高效利用实践取得的成果，具有较强的实用价值。

本书可供高等院校、研究院所及煤炭企业、冶金企业、电力企业从事煤炭清洁高效利用的研究人员及管理人员阅读参考。

图书在版编目（CIP）数据

煤炭清洁高效利用探索与实践/张文辉编著. —北京：化学工业出版社，2023.4

ISBN 978-7-122-42778-6

Ⅰ.①煤… Ⅱ.①张… Ⅲ.①清洁煤-煤炭资源-资源利用-文集 Ⅳ.①TQ536-53

中国国家版本馆CIP数据核字（2023）第063081号

责任编辑：傅聪智　高璟卉　　装帧设计：刘丽华
责任校对：张茜越

出版发行：化学工业出版社（北京市东城区青年湖南街13号　邮政编码100011）
印　　装：北京科印技术咨询服务有限公司数码印刷分部
710mm×1000mm　1/16　印张14¾　字数248千字　2023年6月北京第1版第1次印刷

购书咨询：010-64518888　　售后服务：010-64518899
网　　址：http://www.cip.com.cn
凡购买本书，如有缺损质量问题，本社销售中心负责调换。

定　　价：98.00元

前言

PREFACE

在碳达峰、碳中和（“双碳”）目标引领下，煤炭清洁高效利用是未来煤炭能源发展的主要方向。编者在三十多年的工作经历中，工作岗位虽几经变动，但始终从事煤炭清洁高效利用研究及管理工作。编者和同仁有幸参加了国家重点科研项目、基金项目和国际合作项目等，深入了解国内外煤炭清洁高效利用技术现状及发展趋势，结合工作实际，将自己所学、所思应用在推进煤炭清洁高效利用的工作实践中，在实践中探索完善，在实践中创新提升。本书从编者工作实践中撰写的100多篇论文中精选了35篇加以汇编，这些论文从以下三个方面清晰记录了编者及同仁推进煤炭清洁高效利用的进程，对促进当前“双碳”目标引领下的煤炭清洁高效利用技术进步、打造符合“双碳”要求的煤炭产业体系具有一定的参考价值。

（1）以提高煤炭产品质量、提高煤炭能源利用效率为目标，推进煤炭清洁高效利用。如论文《以信息化、标准化为基础煤炭定制化生产模式研究与应用》结合煤炭清洁高效利用的实践，探索形成煤炭定制化生产模式；论文《神东烟煤中CaO在高炉喷吹中作用研究及有价矸石排放减量化研究》以国家能源集团核心矿区煤质为基础，介绍了煤中无机组分CaO和Al_2O_3的利用；论文《神华集团动力煤选煤厂煤泥减量化实践与发展》介绍了编者与中国煤炭加工利用协会、中国矿业大学（徐州）和北京华宇工程公司等单位合作，在国家能源集团包头能源公司试验成功的以德国利威尔弛张筛应用为核心的选煤煤泥减量化系列技术。与这些论文相关的研究成果获得了中国煤炭工业协会科学技术奖等多项奖励，在煤炭行业广泛推广应用。

（2）以推进煤基活性炭（焦）生产及应用、减少煤炭利用污染物排放为目标，推进煤炭清洁高效利用。活性炭（焦）是一种以煤为原料生产的碳基吸附净化材料，是“双碳”目标下优先发展的化工产品。编者在国内率先将煤岩分离富集技术、催化活化技术和配煤技术应用于活性炭（焦）生产制备研究，申请获得国家自然科学基金项目，专注研究宁夏太西无烟煤、新疆烟煤和大同烟煤生产制备活性炭技术，成功开发催化活化活性炭生产技术，发表《金属化合物对煤岩显微组分制备活性炭吸附性能影响试验研究》等多篇论文，为编者在国内率先成功开发烟气脱硫用活性焦、压块活性炭、回收汽油用活性炭和碳分子筛（完成试验室研究）等高附加值活性炭产品奠定了基础。以活性炭（焦）为净化剂的烟气净化技术是一种环保性能优良的干法烟气净化技术，20世纪90年代初，编者在国内率先自主研发活性焦产品生产技术，并实现工业化生产，以此为基础，依托国家“863”计划项目“可资源化烟气脱硫技术”成功开发以活性焦为净化剂的资源化烟气净化工业化技术，发表《活性焦烟气脱硫中试研究》等多篇论文，“可资源化烟气脱硫技术”也获得了多项科技进步奖。在“双碳”目标引领下，这种以吸附催化为基础的活性焦全组分污染物脱除技术，将有更广阔的应用市场，可使燃煤电厂所有可检测到的污染物排放达到或低于天然气电厂的水平，为实现“双碳”目标引领下的煤炭清洁高效利用作出贡献。压块活性炭是一种高性能水净化用活性炭，编者在国内率先成功开发压块活性炭产品，论文《压块破碎活性炭生产及吸附性能分析》不仅开创了我国压块活性炭产品研究的先河，而且以此为基础，组织编制了国家能源集团新疆能源公司现代化活性炭厂的建厂方案及研究报告，使压块活性炭产品成为该厂的主导产品。此后，以论文《直立炉生产活性炭工业试验研究》为基础，指导宁夏平罗县翔泰煤化工有限公司生产压块活性炭，利用半焦直立炉炭化生产压块成型料，提高了压块活性炭产品性能，生产出优质压块活性炭产品，获得国内外用户广泛好评。

（3）在“双碳”目标引领下，推进煤炭清洁高效利用。2021年9月13日，习近平总书记在国家能源集团榆林化工考察发表的重要讲话指出，煤炭作为我国主体能源，要按照绿色低碳的发展方向，对标实现碳达峰、碳中和目标任务，立足国情、控制总量、兜住底线，有序减量替代，推进煤炭消费转型升级。习近平总书记的讲话，为“双碳”目标下煤炭清洁高效利用发展指明了方向，煤炭能源不仅要减污，而且要降碳，要以“减污降碳”为目标发展煤炭清洁高效利用。论文《加快动力煤企业转型发展　积极应对碳中和愿景下煤炭能源市场新变化》和《“双碳”目标下动力煤生产利用低碳化模式探讨》论证了动力煤转变为“碳中和”目标下的绿色低碳能源，采用系统降碳方案，实现低成本低碳排放，在技术经济方面是可行的，这意味着，实现“碳中和”目标后，依托煤炭清洁高效利用技术的进步和煤炭资源自身优势，“用煤”会和“用气”一样洁净，并具有市场竞争力，在“双碳”目标引领下，煤炭清洁高效利用的光芒，一定会照亮未来人类文明前进的道路，成为未来绿色低碳能源体系的组成部分，为构建人类命运共同体贡献力量。

本书主要供高等院校、研究院所及煤炭企业、冶金企业、电力企业从事煤炭清洁高效利用研究及管理的人员参考，虽然编者做的煤炭清洁高效利用工作只是整个煤炭清洁高效利用历史洪流中的一小部分，可能微不足道，但每一个从事煤炭生产、加工与利用工作的人都积极努力推进煤炭清洁高效利用，涓涓细流一定会汇聚成海，使煤炭能源发生“革命”性改变，在“双碳”目标下，成为我国绿色低碳能源结构中的组成部分。在此，对国家能源集团、煤炭科学研究总院和项目合作单位，对论文撰写合作者及曾与编者一起工作、默默奉献的同仁，表示衷心的感谢。当看到别人在我们工作的基础上，取得经得起实践检验的更辉煌的成绩时，我们同样骄傲和自豪，毕竟在推进煤炭清洁高效利用发展的进程中，在煤炭能源向绿色低碳能源转型的嬗变中，我们用实际行动留下了足迹，人类科技文明前进的脚步永不停歇。

本书的出版获得中国神华能源股份有限公司和化学工业出版社的大力支持和帮助，在此表示衷心的感谢。

最后诚恳地希望专家和读者对书中疏漏或不足之处予以批评指正。

张文辉

2023年3月

第一部分
煤炭质量管理与煤炭提质加工技术

1-1 以信息化、标准化为基础煤炭定制化生产模式研究与应用 002
1-2 神东烟煤中 CaO 在高炉喷吹中作用及有价矸石排放减量化研究 019
1-3 神华集团提高煤炭清洁化水平的实践与发展 026
1-4 建设现代化煤炭生产系统　提高煤炭产品质量 033
1-5 发展煤炭加工利用产业基本原则探讨 039
1-6 加强质量管控　提高市场竞争力 046
1-7 发展绿色选煤　建设绿色矿山 053
1-8 神华集团动力煤选煤厂煤泥减量化实践与发展 060
1-9 神华集团煤炭全入洗节能减排效果分析与测算 066
1-10 干法选煤技术在“双碳”目标下大有作为 071
1-11 “双碳”目标下动力煤生产利用低碳化模式探讨 075
1-12 加快动力煤企业转型发展　积极应对碳中和愿景下煤炭能源市场新变化 085
1-13 美国煤炭能源系统发展分析研究 092
1-14 美国零库存煤炭集装站模式 099
1-15 以煤为原料合成天然气技术发展前景分析 103

第二部分
活性炭（焦）制备与活性焦烟气净化技术

2-1 压力对炭化、活化（气化）过程影响的研究进展 112

2-2 压块破碎活性炭生产及吸附性能分析 118

2-3 金属化合物对太西无烟煤制备活性炭的研究 122

2-4 太西超纯煤制备活性炭试验研究 127

2-5 太西无烟煤镜质组、丝质组制备活性炭试验研究 133

2-6 大同烟煤镜质组、丝质组制备活性炭试验研究 139

2-7 金属化合物对煤岩显微组分制备活性炭吸附性能影响试验研究 144

2-8 配煤技术在活性炭生产中的应用 150

2-9 浸渍KOH研制煤基高比表面活性炭 157

2-10 直立炉生产活性炭工业试验研究 162

2-11 我国活性炭技术与标准化 167

2-12 活性焦烟气脱硫中试研究 172

2-13 国内外活性焦烟气脱硫技术发展概况 178

2-14 吸附SO_2活性焦再生解吸机理分析 184

2-15 活性炭在控制减少我国大气环境污染方面的应用 190

2-16 活性焦脱硝（NO_x）性能试验研究 198

2-17 我国净化水活性炭生产现状及控制活性炭净化水pH值升高方法研究 204
2-18 活性炭吸附$Au(CN)_2^-$机理研究 210
2-19 双速率数学模型在煤质活性炭液相吸附方面的应用 215
2-20 国外活性炭应用及我国活性炭发展趋势 222

Part One

第一部分

煤炭质量管理与煤炭提质加工技术

1-1

以信息化、标准化为基础煤炭定制化生产模式研究与应用*

摘要：神华集团公司是于1995年经国务院批准组建的最大的以煤炭为基础的国有独资综合能源企业。2017年，经国务院批准，与中国国电集团整合成立国家能源集团，成为我国规模最大、现代化程度最高的煤电综合能源企业和世界上最大的煤炭经销商。煤炭产业是国家能源集团的支柱产业之一，在一体化、安全高效等先进理念的引领下，创造了安全高效千万吨矿井生产模式，创造了"矿路港电"一体化运营模式，创造了中国煤炭企业的发展辉煌。近年来，面对经济新常态，在煤炭定制化生产理念引领下，坚持以市场为导向，以建设世界一流煤矿为目标，加强技术创新和管理创新，促进煤炭产业发展由规模速度型向质量效益型转变、由结果管理向过程管理转变、由职能管理向流程管理转变、由经验管理向精益管理转变，主动适应煤炭行业发展新常态，创造了以信息化、标准化为基础的煤炭定制化生产模式，为建设具有全球竞争力的世界一流综合能源集团贡献力量。

关键词：信息化；标准化；煤炭；定制化生产

1 研究背景

1.1 效率是煤炭生产经营的核心

效率是企业稳定健康、可持续发展的基础。作为以煤炭为基础的综合能源公司，国家能源集团始终紧紧抓住效率这个关键，创造了煤炭安全高效千万吨矿井生产模式，在保证安全的基础上，提高了煤炭生产经营效率，解决了困扰中国煤

---

* 本文发表于2018年中国煤炭工业协会煤炭企业管理现代化创新成果论文集，由企业管理出版社出版。论文作者还有赵永峰、崔高恩、宋文革、武国平、谷宏伟、邸传更、乔治忠、王鹤。本文相关研究成果获得2018年中国煤炭工业协会煤炭企业管理现代化创新成果一等奖。

炭企业发展的安全和效率问题，国家能源集团实现了连续14年煤炭产量千万吨增长，成为世界最大的煤炭经销公司，引领了中国煤炭行业的健康发展，创造了中国煤炭企业的发展辉煌。

1.2 提高定制化生产水平，积极应对经济发展新常态

在经济发展新常态下，煤炭产能严重过剩，生产经营效率低，面对市场瓶颈和生产经营效率对国家能源集团煤炭生产发展的制约，国家能源集团坚持“创新、协调、绿色、开放、共享”五大发展理念，积极推进供给侧结构性改革，落实“三去一降一补”政策，提高企业生产经营效率，以建设世界一流煤矿为目标，加强技术创新和管理创新，在安全高效生产模式基础上，以信息化、标准化为基础，研究煤炭定制化生产模式，生产清洁煤炭产品，在经济发展新常态下，进一步提高企业的生产经营效率，推进煤炭生产模式从速度规模型向质量效益型转变，以煤炭定制化管理理念和管理模式的创新，推进煤炭生产技术创新，提升企业的生产经营效率。2015年以后，国家能源集团煤炭产量和质量又实现了双增长，高附加值煤炭产品产量稳定增长，煤炭板块利润逐年增长，为建设具有全球竞争力的世界一流综合能源集团贡献了力量。2017年3月，中国煤炭报曾以《神华集团开启煤炭定制化生产模式》为标题在头版头条予以报道，国内多家媒体进行转载报道，国家能源集团在安全高效煤炭生产模式基础上创造的煤炭定制化生产模式获得广泛好评，引领了行业进步。

2 基本内涵

2.1 国家能源集团煤炭产业存在的主要问题

煤炭产业是国家能源集团的立业之本、发展之基，但在煤炭十年黄金期过后，全国煤炭产能严重过剩，煤炭产品销售困难。2012年以后，神华集团煤炭产量和价格进入双下降通道，由于生产的煤炭产品与市场需求产品匹配率低，时常造成产品积压滞销，导致神华集团“矿路港电”一体化系统不能正常运行，集团煤炭板块利润从2012年以后持续下降。2015年，神华集团煤炭板块从集团高利

润板块转变为亏损板块，这一转变意味着神华集团煤炭产业发展进入新常态，必须在安全高效生产模式基础上，探索新的煤炭生产经营方式，提高煤炭生产经营效率，降低煤炭生产成本，提高煤炭产品市场竞争力，积极主动适应经济发展新常态。

经济新常态下，集团煤炭生产存在的主要问题如下：

一是在全国煤炭产能严重过剩的形势下，用户掌握煤炭产品市场选择权，而集团煤炭生产系统灵活性差，生产品种与用户需求品种匹配率低，时常造成生产煤炭产品积压滞销，而用户需求的煤炭产品供应不上，导致神华集团“矿路港电”一体化系统不能正常运行。

二是在集团煤炭产品结构中，高端煤炭产品产量少，产品盈利能力差。

三是信息化、标准化程度低，严重影响“煤炭生产、销售”一体化运行水平提升和适应经济新常态。

2.2 推进煤炭定制化生产

近年来，国家能源集团积极主动适应经济新常态，以市场需求为导向，以信息化、标准化为基础科学组织生产，开发了多种煤炭新产品，推进煤炭定制化生产，使“神华煤”成为我国优质清洁环保煤，提高了国家能源集团煤炭产品的市场竞争力，逐步形成以市场为导向的煤炭定制化生产模式，使国家能源集团煤炭板块逐步适应经济新常态。2015年以后，煤炭板块创造的利润逐年提高。2017年，国家能源集团煤炭板块创造的利润超过400亿元，占国家能源集团总利润的60%以上，创造了国家能源集团煤炭产业发展的新辉煌。

煤炭定制化生产并不是新概念，但在经济新常态下，在我国最大的煤炭公司国家能源集团，对产量超过4亿t/a的煤炭实施定制化生产，最大限度满足用户质量需求，提高国家能源集团煤炭产品的市场竞争力，克服市场瓶颈对国家能源集团煤炭生产发展的制约，提高煤炭产品盈利能力，是需要认真研究的新课题。

2.3 加强信息化建设

定制化生产就是坚持客户至上的理念，把满足用户质量需求放在第一位的生产方式。因此，实现煤炭定制化生产的首要条件，是做到生产信息与煤炭产品需求信息共享。面对复杂多变的煤炭市场，国家能源集团利用国内外先进的信息化技术，打造了智能数字煤质管控平台，使煤炭生产、洗选、运输与销售做到了信息共享和沟通，实现了煤炭生产、洗选、运输与销售一体化运营，以市场需求为导向，科学组织生产，共同应对复杂多变的煤炭市场，最大限度满足用户的质量要求，为国内外用户提供满意放心产品。

2.4 强化标准化管理

充分利用市场信息，在市场需求引导下，改进煤炭生产系统和洗选系统，实施卓越绩效等全面质量管理，强化标准化管理，推进结果管理向过程管理转变，提高煤炭生产管理质量，以低成本生产市场需要的清洁煤炭产品，提高神华煤炭产品市场竞争力。

2.5 推进技术创新

为了提高国家能源集团煤炭产品盈利能力，鼓励和引导各分、子公司创新改造选煤工艺，增产高附加值的特种煤产品，开发超清洁煤炭产品，提高生产煤炭品种与市场需求品种的匹配率，减少产品积压，提高煤炭产品的盈利能力，使国家能源集团煤炭板块从速度规模型向质量效益型转变，走质量第一、效益优先的高质量发展道路，形成了以信息化、标准化为基础的煤炭定制化生产模式，提高了国家能源集团煤炭产品的市场竞争力，为经济新常态下集团经济效益稳定增长作出重要贡献。国家能源集团煤炭定制化生产模式具有以下特点：

（1）创新推广应用卓越绩效等全面质量管理方法，坚持“客户至上、品质第一”的服务理念，并将这一理念融合在煤炭生产、加工、运输和销售全过程，全面推进职能管理向流程管理转变、经验管理向精益管理转变，主动适应经济新常态。

（2）以现代信息化技术、标准化管理方式为基础，建设煤炭定制化生产管控体系，为传统煤炭定制化生产赋予新的内涵，提高了煤炭定制化生产水平，全面推进煤炭生产由规模速度型向质量效益型转变、由结果管理向过程管理转变。

（3）提高了煤炭生产和煤炭利用的一体化水平，提高了煤炭生产系统适应用户产品需求的能力，生产环保型煤炭，成功研究开发多种超清洁煤炭产品，提高了煤炭能源全过程能源效率，减少了污染物排放，推进了清洁煤炭能源发展。

（4）引领选煤等煤炭提质加工技术创新进步，取得多项选煤技术创新成果，提高了煤炭生产系统的灵活性，提高煤炭生产加工效率，在煤炭生产、加工运输、销售等领域落实了“效益第一、质量优先”的高质量发展原则，推进煤炭提质增效技术创新发展。

3 主要做法

企业管理制度好，企业的一切就会逐渐变好，推动企业管理制度变好的重要动力之一是：理念。面对经济发展新常态，神华集团煤炭产业坚持深化改革，在煤炭一体化运行、安全高效发展的基础上，以煤炭定制化生产理念为引导，推进企业管理制度变革和技术创新，以满足用户质量需求为目标，提高企业的管理质量，提高生产效率，推进转型发展，走高质量发展道路，实现提质增效。

煤炭能源对环境造成的污染，除了煤炭自身资源禀赋原因外，其主要原因还有生产的煤炭质量与用户的质量需求不匹配，造成煤炭能源利用效率低，污染物排放量大。实现煤炭定制化生产，可最大限度满足用户对煤炭能源的质量需求，提高煤炭能源效率，减少煤炭利用过程中的污染物排放，为提高煤炭清洁化水平，促进清洁煤炭能源发展，保护我国的生态环境作出贡献。

实现定制化生产，首先要做到煤炭市场需求信息和生产信息共享，现代化信息技术进步为我们提供了这种可能；其次，要深入调研了解煤炭产品市场信息，根据不同行业不同用户需求，细分产品种类。目前全集团销售商品煤品种已达100多种，推进产品标准化和生产过程标准化，为满足不用用户需求奠定了基础。

神华集团以市场用户需求为引导，推进煤炭生产技术和选煤加工技术创新发展，开发清洁煤炭产品，丰富神华煤炭产品结构，实现神华和用户双赢，为发展清洁煤炭能源作出贡献。因此，研究并应用煤炭定制化生产模式，提高煤炭生产经营效率，提高煤炭清洁化水平，推动“煤炭生产销售”向“煤炭生产销售+服务”转变，提高神华煤炭产品竞争力，主要包括以下内容。

3.1 建立煤炭产品市场需求和煤质数据信息网，提高适应市场的经营效率

为了推进煤炭定制化生产，提高煤炭定制化生产水平，神华集团利用先进的信息化技术，建立覆盖销售、运输、洗选和煤炭生产的煤质信息平台（见图1），形成智能化神华集团煤质管控平台，为实现煤炭定制化生产奠定了坚实的基础，该平台加强了煤炭生产端与煤炭销售端、用户端的沟通，具有煤质结果自动对比、超差提示和指导配煤销售等智能化功能，大幅度减少了质量纠纷，提高了用户满意度。

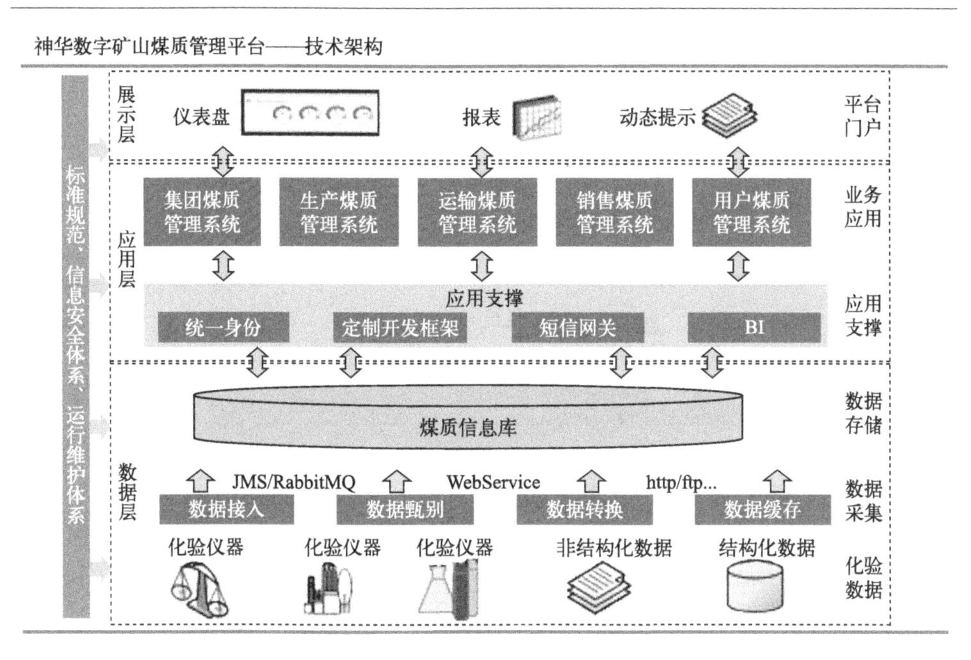

图1 神华智能数字矿山煤质信息平台

利用现代信息技术建立的智能化神华集团煤质管控平台，使煤炭生产、运输、销售等单位实现一体化高效运营管理，使生产单位根据商品煤订单，科学组织生产、优化产品结构、提高用户满意度，确保集团实现利润最大化。同时，运输单位制定煤炭运输计划，提高煤炭生产品种和销售煤炭品种的匹配率，也就是提高船货匹配率，减少煤炭产品的积压和库存量，减少不必要的浪费，提高煤炭生产经营效率，提高集团煤炭产品的盈利能力，为实现集团利润最大化作出贡献。

3.2 推广应用卓越绩效管理，推进生产过程标准化管理

推广应用卓越绩效管理，提高煤炭生产计划的科学性、执行的严肃性，向“矿路港电”一体化协同要效益，实现定制化生产，通过强化过程标准化管理，使煤炭产品标准化，煤炭产品生产过程标准化，提高煤炭定制化生产水平。根据神华集团煤炭生产特点，组织编制了《神华集团卓越煤炭质量评价准则》企业标准，并在全集团实施，从领导、战略、市场、资源、过程、改进和结果等七个方面全面加强质量管理，鼓励生产单位不仅研究生产技术和生产管理，更要研究煤炭产品市场需求，积极参与到煤炭产品开发的工作中去，细分产品市场，细化产品结构，编制100多个煤炭产品标准和2000多项煤矿、选煤厂标准作业流程（见图2），并在全集团推广实施，实现煤炭产品生产过程标准化，实现以市场为导向，科学组织生产，提高煤炭生产管理质量。以生产管理质量的提高，促进煤炭产品质量提高，最大限度满足用户需求，提高煤炭的利用效率，减少污染物排放，提高煤炭的清洁化水平，提高神华煤炭产品的市场竞争力，促进神华煤炭产品的销售。

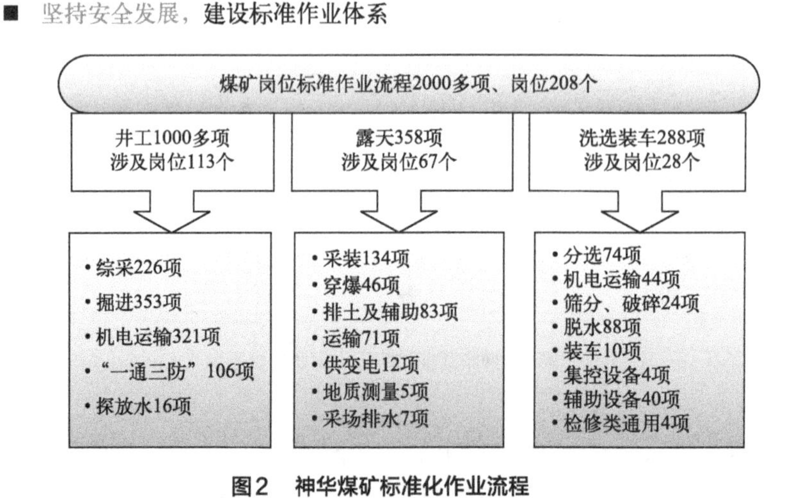

图2 神华煤矿标准化作业流程

3.3 以煤质和客户需求为基础，定制化开发清洁煤炭产品

国家能源集团煤炭生产部坚决贯彻党中央去产能、补短板和提质增效的经济

工作方针，在安全高效生产模式基础上，积极推进煤炭定制化生产创新发展，建设现代化选煤厂及从煤矿到港口的完善配煤体系，针对不同行业用户的需求，生产多样化的煤炭产品。近几年来，组织开发出系列环保块煤、化工水煤浆专用煤、高钙含量高炉喷吹煤、高铝煤、高性价比低热值动力煤等，推进集团“煤炭生产销售”向“煤炭生产销售+服务”转变，实现煤炭生产方和用户方的双赢，显著提高了神华煤炭产品的市场竞争力，2015年后，神华煤炭产销量持续稳定增长，动力煤发热量也显著提升，提质增效成绩显著。下面以神华环保块煤产品为例，介绍神华集团清洁煤炭产品的开发。

3.3.1 块煤应用存在的问题

神华环保块煤是以神华集团“准煤”和“神东煤”两大动力煤品牌为基础，根据块煤固定床气化炉的特点开发的一种新型环保块煤产品，是神华集团开发的超清洁煤炭产品之一，是神华集团对我国清洁煤炭能源发展的又一重要贡献。

广东省佛山地区是国内最大的建筑用陶瓷生产基地，有几百家陶瓷生产厂，正常生产时，块煤的年需求量在2000万t左右，受建材市场低迷的影响，目前市场需求量在1000万t左右。2016年初，神华集团组织相关人员对广东地区12家陶瓷厂的块煤气化性能进行了调研，发现广东佛山地区陶瓷厂使用的气化炉大部分为两段固定床气化炉，气化用块煤大部分来自内蒙古和陕西神木地区，也就是神东矿区。该煤种具有热值高、灰分低和硫分低等优点，但也存在由于灰熔点低，容易造成气化炉“拉稀、结渣”（灰渣融化，造成结渣，气化炉不能正常运行）、床层阻力大等缺陷。

为了给广东地区陶瓷厂用户提供更好的块煤产品，降低陶瓷生产的燃料成本，并减少陶瓷厂废水等污染物排放，国家能源集团成立煤炭生产部负责的块煤气化试验组，组织准能集团、神东煤炭集团和销售集团等相关单位，试验研究准能集团和神东煤炭集团块煤配煤气化性能，开发国家能源集团新型环保块煤产品。

3.3.2 神华煤质特点

国家能源集团是世界最大的煤炭生产商和销售商，拥有世界最大的井工矿煤炭公司——神东煤炭集团（产能2亿t）；拥有国内最大的露天矿煤炭公司——准格尔能源公司（产能6900万t）。两公司合计产能约占神华集团煤炭总产能的60%以上，是国家能源集团煤炭产业的基础。

国家能源神东集团生产的侏罗纪动力煤是我国动力煤中的精品，被称为我国动力煤的“味精”，具有“三高、三低、一稳定”等特点。“三高”是发热量高，收到基发热量在5800kcal[1]以上；化学反应活性高，1100℃时煤炭CO_2反应性100%；燃尽率高，燃尽率大于99.88%，飞灰中可燃物含量低于1.75%。“三低”是燃点低，电厂着火温度460℃；灰分低，灰分含量小于8%；硫分低，硫分含量可低于0.35%。“一稳定”是利用现代化装备实现煤炭规模化生产，产品质量稳定，属于环保型优质动力煤。但神东煤灰熔点低、灰中钙含量较高，易结渣，水分含量相对较高。

国家能源准能集团生产的石炭动力煤是我国著名的动力煤品牌，是我国大型电厂首选的主要动力煤种之一，具有“两高、两低、一稳定”等特点。“两高”是灰熔点高，灰熔点大于1460℃；灰白度高，灰白度大于60%。“两低”是硫分低，硫分含量可低于0.35%；水分低，水分含量可低于10%。“一稳定”是利用现代化装备，实现规模化生产，产品质量稳定。但其化学反应性中等，1100℃时煤炭CO_2反应性大于80%。

3.3.3 神华环保块煤气化试验

在充分调研的基础上，准能集团委托煤炭科学研究总院、中国科学院等单位对准能集团块煤气化性能进行了试验研究。然后根据基础试验研究结果，在广东地区的部分陶瓷厂煤气站进行了试验。总结调研结果和块煤试验结果，主要结论如下：

（1）神东、准能块煤气化性能优良。利用准能块煤高灰熔点的特性，通过调整气化剂温度，适当提高炉温来提高煤的反应性，可实现准能块煤的充分气化，灰渣中含碳量低，达到高反应性块煤灰渣的含碳量要求。

（2）准能块煤与神华块煤的配煤是一种性能更优的气化原料煤。准能块煤与神华块煤按一定比例配煤，提高气化炉温后，单炉产气量和吨煤产气率并没有明显下降，而且单炉产气量略有增加，这表明准能块煤和神东块煤按一定比例的配煤可以优势互补，是一种环保性能、技术经济性能更优的气化原料煤。

（3）在现有块煤价格体系下，和神华单种块煤气化相比，准能块煤与神华块煤以3：7配煤气化具有经济效益，准能块煤配煤气化可降低块煤气化成本。对于块煤消耗量1万t/a的煤气站，采用神华环保块煤，年节省燃料成本在20万～30万元左右。

（4）块煤一定要优质优价，根据块煤的基本性能和气化性质，确定块煤价格，

[1] 1kcal=4.1868kJ，余同。

否则部分块煤产品没有市场。

以国家能源集团准能和神东块煤为基础配煤加工的国家能源集团环保块煤，具有两种块煤的优点，并降低了块煤水分和硫含量，提高了灰熔点，提高了气化温度，使环保块煤综合气化性能优良，提高了气化效率，减少了污染物的排放，降低了块煤气化成本，深受广大用户的欢迎。

3.3.4 神华环保块煤特点

充分利用国家能源集团煤质特点配煤加工的国家能源集团环保块煤具有专用化、全利用、高效率、低污染、低成本的特点。

3.3.4.1 专用化

从2013年开始，国家能源集团针对陶瓷厂等块煤用户的需求，对国家能源的煤炭生产和港口运输系统进行技术改造，提升块煤的品质，用先进的分级破碎机破碎原煤，保证煤炭产品含块率；用以世界一流弛张筛和浅槽为核心的深度分选工艺改造选煤厂洗选系统，降低块煤产品的灰分；研究集装箱块煤运输，实现定向高效运输；用源于德国的块煤防破碎技术改造块煤输送系统，降低块煤破损率，降低陶瓷厂等用户使用成本；研究神华块煤气化特性，指导用户用好神华煤，通过为用户“专业定制”式生产块煤产品，将最合适的煤炭产品供给最合适的用户，最大限度提高用户的能源利用效率，减少污染物排放，降低用户成本，实现用户和神华效益最大化。

在珠海煤码头、准能集团和神东煤炭集团成功实施块煤生产转运系统改造，形成了以神华珠海煤码头为龙头的我国块煤产量规模最大、品质高、成本低的专业块煤生产和输运系统。

3.3.4.2 全利用

全利用就是不仅利用煤中有机组分挥发分、固定碳等，而且要利用无机组分灰分等，提高煤炭的价值。神华环保块煤利用“准煤”和“神东煤”两种块煤中灰成分的差异，进行配比，克服了单一块煤存在的气化温度低、气化效率低等问题，形成高灰熔点，低灰、低水分含量的固定床气化炉用优质专用块煤。此外，准能块煤的筛下物可以用于陶瓷产品干燥，由于准能煤灰分中Al_2O_3含量高，还可以提高陶瓷产品的灰白度。此环保块煤不仅充分利用了煤中的有机组分，还充分利用了煤中无机组分，成为一种发挥国家能源煤质优势、渗透国家能源人智慧、适用于固定床气化炉的环保块煤产品。目前，国家能源准能集团正在研究从煤中提取氧化铝的技术，使煤中有机组分和无机组分得到充分利用，此项目已被列为国家重大循环经济项目，试验研究取得重大进展，应用前景广阔。

3.3.4.3 高效率

提高能源利用效率，降低能源消耗，是我国当前实施的重要能源政策。此环保块煤提高了块煤的灰熔点、气化温度和气化效率，降低了气化煤消耗，而且不改变现有气化工艺和气化设备，为降低固定床气化成本奠定了基础。

3.3.4.4 低污染

本环保块煤利用神华集团两种优质块煤配制而成，不仅具有灰分、硫分、汞、砷含量低等特点，而且具有可释放硫低的特点。因此，煤气中硫含量低、质量好，降低了煤气净化成本。由于环保块煤水分低，可以减少废水产生量，降低用户废水处理成本，预计每年减少废水排放40万t左右。

3.3.4.5 低成本

和单种块煤气化相比，本环保块煤生产成本低。提高气化效率可以显著降低用户的气化燃料成本，实现神华和用户双赢。初步测算，如果广东地区陶瓷厂使用神华集团环保块煤，可为广东地区陶瓷厂节省5亿元左右的气化燃料成本，提高广东地区陶瓷产品的市场竞争力。

神华集团环保块煤是针对用户需求专门生产的块煤产品，生产过程专业化。神华环保块煤不仅充分利用了煤中的有机组分，而且利用了煤中无机组分，提高了煤炭组分的利用率，并为用户优化块煤气化工艺、提高块煤气化效率、减少污染物排放、降低成本奠定了基础，促进了煤炭生产利用一体化模式的发展，提高了煤炭能源利用效率，同时减少污染物排放。

神华环保块煤产品与其说是一种产品，更确切地说是一种技术服务，是一种产品加技术服务的特殊产品，是以神华优质煤炭产品质量为基础，通过技术服务，指导用户科学应用神华煤，以取得更高的能源利用效率，实现更低的污染物排放，取得更好的经济效益。这种煤炭的清洁化超越了单一的煤炭生产，超越了单一的煤炭利用，是在煤炭生产利用一体化理念下，转变煤炭生产方式，推进神华集团煤炭生产销售向“定制化生产、个性化销售”转变，以实现煤炭生产利用的超清洁化，是神华开发的超清洁煤炭产品之一。和单一品种固定床气化用块煤相比，其综合气化性能、环保性能、经济性能最优，在我国固定床煤炭气化领域具有广泛的应用市场，是国家能源集团对我国清洁煤炭能源发展的又一重要贡献。

3.4 推进选煤技术进步，提高煤炭定制化生产能力

煤炭生产洗选技术进步是推进煤炭定制化生产、提高煤炭定制化生产水平的关键。选煤厂是煤炭生产环节中提质增效的关键环节。根据神华集团的煤质特点和用户质量需求，国家能源集团在国内率先组织动力煤选煤厂煤泥减量化研究，减少选煤过程中水分的混入，提高了选煤效率；在国内率先开展了以弛张筛应用为主的动力煤选煤厂脱粉煤泥减量化技术研究，成功开发出特大型选煤厂深度分选工艺，并在集团及全国动力煤选煤厂大规模应用，提高了动力煤选煤加工效率，增强了选煤厂调整产品结构、满足用户质量需求及煤炭定制化生产的能力，提质增效成绩显著。因此，该项目获得煤炭科技进步二等奖和三等奖各一项。

煤炭洗选是提高煤炭清洁化水平的重要手段。我国特大型动力选煤厂普遍采用 13mm（或 25mm）分级入洗工艺，主要是块煤通过重介浅槽洗选加工，末煤一般不入洗。个别选煤厂试图提高煤炭入洗率，曾采用全粒级入洗工艺，不仅洗选块煤，而且尝试洗选粒径小于13mm的末煤，但产生了大量难于处理和利用的煤泥。煤泥水分含量大、热值低，掺入商品煤后导致发热量大幅降低，严重降低了煤炭洗选效率。在实际生产中还发现，在个别选煤厂甚至出现洗选后商品煤发热量低于原煤的现象。

以现有动力煤选煤工艺为基础，若能将块煤分选下限由现在的13mm降为6mm，则可增加原煤入洗量 20% ～ 30%，以精煤产率70%计算，约可多回收精煤14% ～ 21%。不仅提高了商品煤质量，还省去了末煤洗选系统，减少了煤泥量，保证了混煤发热量的提升，并降低洗选成本。

国家能源集团在神华集团包头矿业公司以李家壕煤矿1200t特大型选煤厂技术改造工程为依托，进行了特大型动力煤选煤厂深度洗选工艺试验，该项目获得成功，主要创新点如下：

创新点 1：针对易泥化高灰动力煤深度洗选提质技术难题，研究了重介浅槽分选下限机理和深度筛分设备性能，提出了特大型动力煤选煤厂重介浅槽+弛张筛深度洗选工艺模式，突破了传统的重介浅槽 13mm（或 25mm）洗选下限，实现了重介浅槽 6mm 深度洗选，入洗率提高了 20% ～ 30%，洗选效率达 98%。

创新点 2：针对煤炭干法深度筛分生产技术难题，研究选用弛张筛提高了 6mm 干法筛分效率，实现了煤泥减量化。弛张筛 6mm 筛分效率达 91.65%，比传统的组合筛分效率提高 16.65%，满足了重介浅槽深度洗选要求，且节省筛分电耗 39.6 万 kWh/a。

创新点 3：针对李家壕煤矿原煤质量差、易泥化、筛分困难、难 以销售等难题，通过理论研究和中间试验，建设了特大型动力煤选煤厂深度洗选示范工程。采用重介浅槽 6mm 洗选+弛张筛 6mm 筛分新型工艺模式，优化和简化了选煤工艺系统，实现了煤泥减量化生产，增加了入洗比例，商品煤平均发热量比原有工艺（+13mm 洗选）提高 500kcal/kg，高于鄂尔多斯地区全级入洗的热值提升水平。

李家壕煤矿 12.00Mt/a 动力煤选煤厂示范工程的建设，实现了 6mm 深度分选和煤泥减量化生产，突破了易泥化动力煤深度洗选技术瓶颈，填补了特大型动力煤选煤厂深度洗选工艺空白。生产实践表明，本项目的新工艺模式比传统的 13mm 洗选下限增加精煤产量 70 万 t/a，商品煤平均发热量提高了 500kcal/kg，增加经济效益 4680 万元/a，选煤厂建设投资和生产成本明显降低，经济、社会效益显著。

国家能源集团特大选煤厂深度分选工艺达到国际先进水平，其成功引领了世界动力煤选煤技术的进步。

3.5 编制提质增效发展规划和奖罚办法，全面推进煤炭定制化生产

集团公司“十三五”煤炭提质增效规划以市场为导向，围绕“增品种、提品质、创品牌”（三品）开展提质增效工作，推进定制化生产，推进了煤炭生产从速度规模型向质量效益型转变，创立了“定制化生产、个性化服务”煤炭生产新模式，提质增效成绩显著，并依据提质增效奖罚办法，发放奖金 1500 多万元，为推进全集团定制化生产发展、走高质量发展道路注入新动力。

3.5.1 增品种，开拓巩固国家能源集团煤炭产品市场

国家能源集团始终坚持质量效益型发展，从 2008 年开始，就持续组织各公司开展煤炭产品结构优化和增加煤炭品种工作，组织各公司开展高炉喷吹煤研究开发、研究神东保德气煤用于炼焦配煤的可行性、研究开发块煤系列产品、召开煤炭大宗商品的环保块煤推广会，走出了一条煤炭生产、销售共同开发煤炭产品的新道路，也就是“定制化生产、个性化服务”的创新发展道路，为集团增加煤炭品种奠定了基础。

近年来，为了应对经济新常态，开拓和巩固集团煤炭产品市场，各煤炭公司深入研究自产煤质特点和煤炭用户的质量需求，开发了多种煤炭新产品，形成了

神华环保煤炭系列产品。如神东煤炭集团开发了超低灰高炉喷吹煤和水煤浆用煤系列产品。目前以保德煤矿的煤为基础，研究开发炼焦配煤，实现神东煤炭集团炼焦配煤生产“零”突破。神宁煤业集团成功开发超低灰无烟煤、块煤等产品；准能集团成功开发高铝煤、环保块煤系列产品，包头矿业公司开发了高反应性中低热值系列动力煤产品；胜利能源公司开发了加压固定床用块煤产品；神新能源公司根据块煤散烧用户需求成功开发了锯块煤、超高热值动力煤等产品，丰富了集团公司煤炭产品结构，开拓了集团煤炭产品市场，提升了集团煤炭产品价值。

3.5.2 提品质，提升国家能源集团煤炭产品市场竞争力

以提升煤炭产品的性价比、提升煤炭产品市场竞争力为目标，各公司积极开展提升煤炭产品质量和降低生产成本活动，成效显著。

3.5.2.1 产品质量提升

2017年，各煤炭公司高度重视选煤加工对产品质量提升的作用，依托选煤技术进步，加强煤炭开采、洗选的过程质量控制，煤炭产品质量稳步提高。神东煤炭集团积极研究煤泥提质加工技术，减少煤泥对外运商品煤质量的影响，商品煤发热量完成5510kcal/kg，与2016年持平；包头公司以高效弛张筛应用为基础的深度分选工艺的应用，提高了选煤效率，增加了精煤产量，经济效益显著，为包头公司扭亏脱困作出贡献，商品煤发热量完成4540kcal/kg，同比升高186kcal/kg；神宁煤业集团发热量完成4720kcal/kg，同比升高18kcal/kg；神新能源公司商品煤发热量完成5358kcal/kg，同比提升83kcal/kg；国神集团商品煤发热量完成4400kcal/kg，同比提升23kcal/kg；大雁集团公司商品煤发热量完成3116kcal/kg，同比提升6kcal/kg。

3.5.2.2 降低生产成本

各公司积极落实集团工作会议精神，积极推行精益管理，提高生产组织和生产计划的科学性，提高生产计划落实执行的严肃性，向协同生产要效益，减少浪费，严控生产成本，部分煤矿实现了煤炭生产成本的降低，提高了煤炭产品的市场竞争力。

神东煤炭集团加强工作面管理，推行井下排矸降低生产成本，提高煤炭产品质量，并根据煤质预报，在部分工作面实行选择性开采，从源头保证煤炭质量，降低提质加工成本。准能集团加强科学管理，目标明确，将提质增效措施分解落实到基层班组，调动全员提质增效的积极性，制订了完善的煤质管理制度，实行

煤炭生产全过程煤质管理，勇于创新，优化爆破工艺，提高块煤产率。

2017年，各选煤厂结合自身洗选工艺，努力实现满负荷运行，提高生产经营效率，严控水、电、介质和材料费用，实施“修旧利废”等措施降低洗选成本。集团公司的煤炭平均洗选加工成本为12.75元/t，较2016年降低0.35元/t。其中，动力煤选煤厂单厂煤炭洗选加工成本在3.85～35元/t之间，平均为11.6元/t，同比降低0.15元/t；炼焦煤和无烟煤选煤厂煤炭洗选加工成本在30～61元/t之间，平均为44.4元/t，同比降低8.1元/t。

3.5.3 创品牌，提高国家能源集团煤炭产品价值

国家能源煤炭产品是一种特色煤炭产品，如何指导用户用好神华煤，创神华煤炭品牌，是神华提质增效工作的重要组成部分。为了开发块煤产品，准能集团积极研究准能块煤气化性能，根据用户需求开发了高灰熔点环保块煤产品，实现了准能集团发展史上块煤产品生产销售的突破，并形成了“定制化生产，个性化服务”的煤炭生产销售新模式，对推动集团煤炭生产转型发展具有重要意义；神东煤炭集团、销售集团根据钢铁、化工用户煤炭质量要求和神东煤质特点，积极开发高品质高炉喷吹煤产品和化工用煤，获得用户的认可，提高了煤炭价值，扩大了国家能源集团煤炭产品的影响力，使国家能源集团煤炭产品得到市场和用户的普遍认可。

4 实施效果

管理的信息化和标准化是助推煤炭定制化发展的两翼。自2012年以来，国家能源集团以“矿路港电”一体化运营和煤矿安全高效生产模式为基础，围绕进一步提高企业生产运营效率这个核心问题，实施定制化生产，以最大限度满足用户清洁煤炭产品需求为目标，坚持质量第一，效益优先的原则，以智能化煤质管控平台为主体，加强全面质量管理和技术创新，推进了煤炭定制化生产发展，开创了以信息化、标准化为基础的煤炭定制化生产新模式，生产高附加值煤炭产品，走高质量发展道路，进一步提高了国家能源集团“矿路港电”和“产运销”一体化运行效率，转型发展、提质增效成绩显著。原神华集团煤炭生产部受到原神华集团的表彰，被评为原神华集团“提质增效”先进单位。

4.1 管理成效

4.1.1 推进了信息化技术在煤炭“产运销”系统的应用

建立了覆盖“矿路港电”的智能煤质管控平台，实现煤炭生产、运输、销售的用户全过程信息化管理，实现了信息共享，提高了管控效率，为高效实施定制化生产奠定了基础。

4.1.2 加强全面质量管理，建立了标准体系

推广应用卓越绩效等全面质量管理方法，强化过程的标准化管理，根据市场需求开发煤炭产品，形成100多个产品标准及相应的生产标准，编制了2000多个标准作业流程，提高了生产过程的执行力和满足客户需求的能力，减少了质量纠纷和用户投诉，大幅度提高了用户满意度。

4.1.3 提高了煤炭的清洁化水平

国家能源集团不仅注重煤炭生产过程的清洁，减少煤炭生产过程对环境的污染，而且根据用户需求，定制化开发了多种煤炭新产品，提高了用户煤炭使用效率，减少了污染物排放，提高了煤炭的清洁化水平。

4.1.4 推进选煤技术进步

为了最大限度满足用户质量需求，生产清洁环保煤炭生产，国家能源集团率先开发出煤炭深度分选工艺和重介干法选煤技术，提高了煤炭提质加工能力，引领了我国动力选煤技术进步，提高了实施煤炭定制化生产能力。

4.2 经济效益

4.2.1 产品质量显著提升

自2015年以来，实现了“矿路港电”稳定运行，没有产生煤炭产品积压和滞销，国家能源集团动力煤洗选加工能力超过 3.5亿t/a。目前，国家能源集团选煤厂已有约 1亿t洗选能力完成应用先进弛张筛的深度分选工艺技术改造，使煤炭产品发热量提升，集团煤炭产销量和质量实现了双增长，煤炭产量从2015年4亿t增长到2017年4.3亿t，动力煤发热量从2015年的4879kcal增长到2017年4976kcal，全集团煤炭发热量提升97kcal，按全集团平均热值6元/100kcal计算，

2017年由于热值提升，增加利润约25亿元。

4.2.2 生产成本降低

通过推进卓越绩效等全面质量管理，强化过程管控，全面推广实施标准作业流程，持续推进煤炭安全生产对标管理，全员工效显著提高，从2015年的32.48t/（工·d）提高到2017年的35.7t/（工·d）；煤炭生产成本降低，从2015年的178.9元/t降低到2017年的173.5/t，提高了神华煤炭产品的性价比，增强了国家能源煤炭产品的市场竞争力，为集团增加利润 23 亿元/a以上。

4.2.3 高附加值煤炭品种增产，煤炭产品盈利能力显著提升

由于煤炭产品开发销售能力显著增强以及选煤技术的进步，高附加值的特种煤（块煤、特低灰煤）产量从2015年的3403万t增长2017年的4962万t，增长1559万t，增加利润约15亿元/a。

4.2.4 经济效益显著

按相关因素合成计算法（PCP）测算质量提升、成本降低和增加高附加值煤炭产品利润，这几项共增加利润63亿元，扣除选煤厂技术改造10亿元，煤质信息化和煤矿信息化建设2亿元，净利润51亿元，平均年净利润25.5亿元。

5 结语

煤炭定制化生产是质量第一的生产方式，是落实党的十九大精神，推进煤炭企业向高质量转型发展的具体措施，在习近平新时代中国特色社会主义思想指引下，国家能源集团将全面贯彻落实党的十九大提出的新的重大思想、重大判断、重大战略和重大任务，拥抱新时代、实现新目标、奋斗新征程，创新发展煤炭定制化生产模式，以管理创新推进技术创新，提高煤炭生产经营效率，提高煤炭定制化生产水平，生产高附加值煤炭产品，实现煤炭产业更高质量的转型发展，创造煤炭产业发展的新辉煌，为确保国家能源安全作出贡献。

1-2
神东烟煤中CaO在高炉喷吹中作用及有价矸石排放减量化研究*

摘要：根据神东烟煤CaO含量高的特点，通过试验，研究煤粉中的CaO在高炉喷吹中的作用。研究结果表明，神东烟煤的高CaO含量特点可有效提高高炉风口区域煤粉的燃烧效率，同时减少高炉炼铁过程中助熔剂添加量，提高炼铁效率，降低生产成本。高炉每喷吹1t神东高钙烟煤可为钢铁企业带来40～120元效益。同时，为实现煤炭利用价值的最大化，应根据钢铁企业用户需求，控制神东高钙烟煤的选煤深度，发展选择性选煤排矸脱灰技术，实现有价矸石排放减量化，减少排矸量，不仅有利于煤中有机组分的充分利用，而且有利于煤中灰分等无机组分的利用。

关键词：高炉喷吹；神东烟煤；CaO；选煤；有价矸石；减量排放

1 概述

神东烟煤是我国优质动力煤，具有“三高一低”的特点，即发热量高、挥发分高、反应性高，硫分低等特点。除此之外，神东烟煤还有一个显著特点，即：灰熔点低、CaO含量高。神东部分烟煤灰分中CaO含量超过30%，又称为神东高钙烟煤。由于较高的CaO含量使得其具有较低的灰熔点，直接用于电厂燃烧，会造成结渣等问题，影响锅炉稳定运行。为了确定神东烟煤中CaO含量对高炉喷吹的影响，神东煤炭集团与北京科技大学联合进行了神东烟煤高炉喷吹研究，并进行了工业试验，试验结果表明：与同类低CaO含量烟煤比较，神东高钙烟煤用于高炉喷吹，可以减少炼铁过程熔剂（CaO和MgO）消耗量，提高高炉炼铁效率，为高炉喷吹用户带来显著经济效益，同时也为神东高钙烟煤的选煤加工发展指明方向。

---

* 本文发表于《煤炭加工与综合利用》2021年第7期，论文作者还有张建良、王伟、王广伟、吕舜、邸传耕、崔高恩、乔军强。本文相关研究成果获得国家能源集团科技进步二等奖，相关研究项目被国家能源集团一届五次职代会认定为十大重点提案之一。

在目前的高炉炼铁生产流程中，铁矿石、焦炭和熔剂是3种不可缺少的原材料，目前高炉炼铁工艺流程如图1所示。其中焦炭对高炉冶炼是不可或缺的燃料，但是炼焦用的焦煤储量有限，在世界范围内属于紧缺资源，而且炼焦过程中排放出相当数量的污染物，对人类生存的环境造成恶劣影响。因此，炼铁工作者一直研究有何种燃料可以替代焦炭。直到20世纪50～60年代，研究发现可以成功地从高炉风口向高炉喷吹燃料，用其中的碳燃烧成CO放热代替部分焦炭中碳燃烧放热，用其燃烧形成的CO、H_2作为还原剂代替焦炭中碳及其燃烧形成的CO[1]。从燃烧放热和形成还原剂CO的数量来比较，煤粉比其它喷吹燃料（天然气、重油等）更优越，因此喷吹煤粉成为世界高炉炼铁置换焦炭的一项重要手段，煤粉也成为首选的、可以置换部分焦炭的燃料，从而降低吨铁焦炭消耗，降低生铁成本。

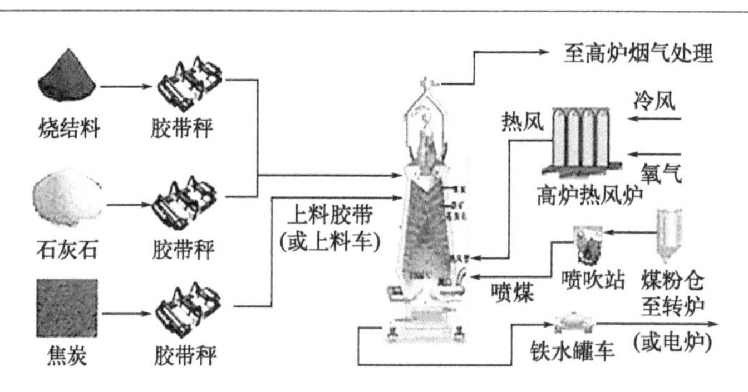

图1　高炉炼铁工艺流程示意

现代高炉冶炼所用焦炭在高炉中可为高炉提供冶炼过程需要的热量，还原铁矿石需要的还原剂，维持高炉料柱（特别是软熔带及其以下部位）透气性的骨架，以及生铁渗碳的碳源。高炉喷吹煤粉是从高炉风口向炉内直接喷吹磨细了的无烟煤粉或烟煤粉或这两者的混合煤粉，以替代焦炭起提供热量和还原剂的作用，从而降低焦比，降低生铁成本，它是现代高炉冶炼的一项重大技术革命。高炉喷吹煤粉对现代高炉炼铁技术来说是具有革命性的重大措施，它是高炉炼铁能否与其它炼铁方法竞争，继续生存和发展的关键技术。其意义具体表现为：

（1）以低廉的价格部分代替价格昂贵而日趋匮乏的冶金焦炭，使高炉炼铁焦比降低，生铁成本下降。

（2）喷吹是调剂炉况热制度的有效手段。

（3）喷吹煤粉可改善高炉炉缸工作状态，使高炉稳定顺行。

（4）喷吹煤粉气化过程中放出比焦炭多的氢气，提高了煤气的还原能力和穿透扩散能力，有利于矿石还原和高炉操作指标的改善。

（5）喷吹煤粉代替焦炭，减少焦炉座数和生产的焦炭量，从而减少炼焦生产对环境的污染。

在炼铁生产中加入的熔剂主要用于脱除铁矿石、焦炭和喷吹煤粉带入高炉内的脉石和灰分中酸性组分等杂质。铁矿石、焦炭和喷吹煤灰分越高，则需加入的碱性熔剂越多，进而降低生产效率。研究表明，焦炭灰分每增加1%，高炉焦比约提高2%，石灰石用量约增加2.5%，高炉产量约下降2.2%[1]。

2 CaO在高炉喷吹中的作用分析

2.1 CaO对烟煤燃烧性影响的研究

由于不同煤种中灰分含量及矿物组成不同，可能导致CaO含量对烟煤燃烧率的影响不确定。通过在煤种中添加一定量的CaO对神东活鸡兔井神优2烟煤和榆家梁精煤进行催化燃烧实验，研究CaO对烟煤的燃烧是否具有催化性能[2]。

对于活鸡兔矿井神优2烟煤来说，随着CaO含量的增加，对煤粉燃烧过程的催化效果越显著。当添加CaO含量为1%时，燃烧曲线向低温区移动，使煤粉的开始燃烧温度和完全燃烧温度均有所降低，表明CaO的添加对煤粉的燃烧具有催化作用；继续增加CaO的添加量可以发现，对煤粉的初始燃烧温度影响不大，当CaO添加量为2%时，煤样的完全燃烧温度有所降低；当CaO添加量为4%时，煤样的完全燃烧温度相较于2%添加量时有所滞后，但与原煤相比依然有着明显的催化效果。同样对比分析不同CaO添加量条件下榆家梁精煤的燃烧曲线，也可以发现CaO的添加对榆家梁精煤的燃烧过程也具有明显的催化效果。

2.2 CaO对高炉炼铁过程的影响

神东原煤中含有较高的石英和方解石等矿物，并且神东烟煤的高钙特性主要体现为CaO以方解石的形式存在于碳基质中，主要以较小的粒径分布在0.005 ～ 0.038mm和0.053 ～ 0.147mm 2个区间，在洗选加工过程中去除难度较大。另外，随着煤样灰化温度的升高，灰中的一些矿物逐渐分解，并且伴随着矿物和矿物之间的相互反应演变，在1000℃下形成了多种较低熔点的物质，导致烟煤灰熔点较低。

进一步研究表明，煤中CaO含量在30%～35%时煤灰的灰熔点达到最低值，为了避免神东高钙烟煤高炉喷吹时由于灰熔点较低可能引起的煤枪堵枪和风口小套结渣，需要通过配加一定量的高灰熔点的无烟煤，或采用高炉风口喷吹熔剂（主要成分为CaO）的技术，提升喷吹混煤中CaO含量，以避开其灰熔点达到最低的CaO含量区间。

喷吹神东高钙烟煤后，对炉渣的黏度有很好的改善效果，所以当喷吹神东烟煤后，可以适当减少直接加入高炉的助熔剂量，进而减少渣量、降低燃料比，有利于降低高炉冶炼成本。以2000m^3高炉为例时，使用6%灰分含量的神东烟煤时，与6%灰分含量的普通烟煤相比，会增加该座高炉0.29%的生铁产量，高炉年产量增加5250t；与8%灰分含量的普通烟煤相比，会增加该座高炉1%的生铁产量，高炉年产量增加18200t。在高炉煤比150kg/t HM，神东烟煤喷吹占比40%时，2000m^3高炉每年使用神东烟煤量约为11万t，与使用普通烟煤（6%灰分）相比，每年可减少熔剂使用成本约合92万元，与使用普通烟煤（8%灰分）相比，每年可减少熔剂使用成本约140万元。即每使用1t神东烟煤与使用普通烟煤（6%灰分）相比，可减少熔剂使用成本约8.4元；与使用普通烟煤（8%灰分）相比，可减少熔剂使用成本约12.7元。此外，使用神东高钙烟煤还具有提升产量和降低燃料比的效果，能够进一步降低炼铁生产成本。根据目前钢铁企业炼铁成本的主要指标，同样用于2000m^3高炉，使用神东高钙烟煤（6%灰分）与使用普通烟煤（6%灰分）相比，每年可提高企业效益约467万元，即每使用 1t神东烟煤约可提高企业效益42.5元；使用神东烟煤（6%灰分）与使用普通烟煤（8%灰分）相比，每年可提高企业效益约1320万元，即每使用1t神东高钙烟煤约可提高企业效益120元。

3　喷吹神东高钙烟煤工业生产应用效果分析

3.1　在B钢铁公司5号高炉的生产应用效果

在B钢铁公司5号高炉进行了喷吹神东高钙烟煤和普通烟煤的跟踪分析评价，

通过对B钢铁公司5号高炉生产数据的统计分析，得出结论如下：在试验基准期内5号高炉喷吹煤种多变，尤其烟煤煤种不稳定，同时此阶段内神东烟煤在混煤配比较少，最多为10%左右，基准期煤比均值为161kg/t HM，焦比均值为358kg/t HM，燃料比均值为519kg/t HM；对比期内5号高炉喷吹混煤中神东烟煤在混煤中的配比由基准期的最多10%增大到2018年6月份的36.9%，对比期内煤比均值为169kg/t HM，比基准期提高了8kg/t HM，焦比均值为345kg/t HM，比基准期降低了13kg/t HM，燃料比均值为515kg/t HM，比基准期降低了4kg/t HM。同时对比期内铁水日产量均值为7702t，比基准期高748t。在其他条件如装料制度、操作制度、入炉原燃料的质量控制和铁水成分等基本不变的条件下，神东烟煤为上述生产指标的改善起到了一定的作用。此外，随着神东烟煤配比的提高，5号高炉吨铁燃料成本明显下降，当神东烟煤配比由10%提高到36.9%时，将神东烟煤对降低燃料成本的贡献率按 30%计算，则5号高炉吨铁燃料成本降低9.85元。

3.2 在M钢铁公司5号高炉的生产应用效果

在M钢铁公司5号高炉进行了喷吹神东高钙烟煤和普通烟煤的跟踪分析评价，通过对M钢铁公司5号高炉生产数据的统计分析，结论如下：在高炉装料制度、操作制度、原料成分和焦炭质量等基本不变的前提下，M钢铁公司5号高炉喷吹混煤中神东烟煤配比由37%降到0%，导致对比期的煤比仅为120kg/t HM，比基准期减少了31kg/t HM，同时未燃煤粉增多，除尘灰的含量上升；对比期的焦比为398.57kg/t HM，比基准期提高了61.57kg/t HM，最终导致对比期的燃料比高于基准期30.57kg/t HM。此外，取消神东烟煤使用的对比期与基准期相比，高炉冶炼燃料成本高出100元/t HM左右。

4 发展选择性选煤排矸脱灰技术，实现有价矸石排放减量化

从上述研究结果可以看出，煤中部分灰分中的无机组分CaO也有经济利用价值。目前，我国普遍应用的动力煤选煤技术，无论是干法还是湿法[3]，都是根据矸石与煤的密度差进行分离，不管矸石中无机组分是否有利用价值，一律排弃掉，

并且增大了排矸量，减少了商品煤产量，造成不必要的浪费。因此，将来的选煤技术应发展选择性选煤排矸脱灰技术，实现有价矸石减量排放，根据用户的需要，在选煤过程中进行选择性排矸脱灰，如采用可鉴别矸石中化学组成的智能选煤技术或磁选技术，把煤中无用的灰分脱除掉，如高炉喷吹用煤和循环流化床用煤，可选择性脱除含SiO_2和Al_2O_3组分高的灰分或矸石，保留CaO含量高的矸石；对于有提取价值的高含Al_2O_3煤，应选择性脱除SiO_2和CaO等组分，富集Al_2O_3组分，降低提取Al_2O_3成本。因此，根据用户需求有选择地脱除煤中部分无机组分，实现选煤过程有价矸石减量排放，不仅充分利用煤中有机组分，而且有利于煤中灰分等无机组分的有效利用，实现煤炭利用价值最大化。

随着我国环保政策力度的加大，部分矿区排矸征地越来越困难，甚至有些矿区地方政府，明确禁止地面排矸，矸石只能井下充填，使煤炭生产成本显著增加。选煤厂根据用户需求，采用选择性排矸，实现有价矸石减量排放，既可以减少地面排矸压力，又可以增加商品煤产量。以神东矿区为例，采用选择性排矸，实现有价矸石减量排放，在保证商品煤质量的前提下减少10%的排矸，每年可增加商品煤产量140万～160万t左右，则年增加经济效益在10亿元以上。因此，应发展并推广应用定制化生产，根据用户需求，采用选择性排矸，实现有价矸石减量排放，在煤中保留部分有经济价值的无机组分，提高煤炭资源利用率，因此，选择性选煤排矸脱灰实现有价矸石减量排放技术是未来选煤技术的发展趋势之一，是煤炭企业提质增效的重要途径之一。

5　结语

神东烟煤是我国优质高炉喷吹煤，不仅具有动力煤“三高一低”的优势，而且，在动力煤中CaO含量高灰熔点低的劣势，也转变为高炉喷吹的优势，由于神东烟煤中CaO含量高，可促进喷入高炉煤粉燃烧，减少高炉炼铁过程熔剂添加量，提高炼铁效率，降低炼铁成本，每喷吹1t神东高钙烟煤可为钢铁企业带来40～120元/t效益，同时，为控制神东高钙煤洗选深度和智能洗选发展指明了方向，应发展选择性排矸脱灰技术，实现有价矸石减量排放，提高煤炭资源利用价值。

参考文献

[1] 姚昭章，郑明东. 炼焦学[M]. 3版. 北京：冶金工业出版社，2005.
[2] 王忠，谷丽东，梁旺，等. CaO对神东烟煤燃烧和熔融性能的影响[J]. 中国冶金，2019, 29(12): 1-6.
[3] 张文辉，赵永峰，崔高恩. 神华集团动力煤选煤厂煤泥减量化实践及发展[J]. 神华科技，2019, 15(10): 3-5, 9.

1-3

神华集团提高煤炭清洁化水平的实践与发展*

——开发超清洁煤炭产品

摘要：提高煤炭清洁化水平，生产清洁能源，要考虑煤炭生产和利用转化全过程清洁化，生产超清洁煤炭产品，煤炭生产和利用统一考虑，确定煤炭产品的质量指标，实现煤炭生产利用全过程能源效率最高、污染物排放最少、经济效益好。超清洁煤炭产品具有专用化、全利用、高效率、低污染、低成本的特点。神华集团开发成功环保块煤和环保高炉喷吹煤，提高了煤炭的清洁化水平，推进神华集团煤炭生产销售向“定制化生产、个性化销售”转变，实现煤炭生产利用的超清洁化。

关键词：煤炭；生产；利用；超清洁

煤炭产业是神华集团的立业之本、利润之源、发展之基。近年来，神华煤炭产业深入贯彻落实党的十八大会议精神，坚持“创新、协调、绿色、开放、共享”的五大发展理念，落实集团“1245”清洁能源发展战略，以建设世界一流煤矿为目标，加强技术创新和管理创新，促进产业发展由规模速度型向质量效益型转变，主动适应煤炭行业发展新常态，大力推进神华智能绿色矿山建设，实现煤炭生产清洁化，建设绿色矿山。神华煤炭生产清洁化主要包括煤炭生产过程清洁化和煤炭产品清洁化两部分，其中煤炭产品清洁化是煤炭生产清洁化的重要组成部分，在煤炭能源发展的环境约束日益强化的形势下，提高煤炭清洁化水平是煤炭能源健康可持续发展需要解决的重要问题。

神华集团煤炭品种齐全，品质优良，“神华煤”是享誉国内外的煤炭品牌，是我国优质环保煤。神华集团利用国内外先进技术和装备，建设了现代化的煤炭生产、洗选加工、运输系统，实现了煤炭生产、运输过程中产品不落地，保证

* 本文发表于神华集团2017年在珠海举办的“神华环保块煤推广会”上，相关内容在《中国煤炭报》等多家新闻媒体上进行了报道。相关项目获得2022年中国煤炭工业协会煤炭科学技术二等奖。

了煤炭产品质量的稳定，提高煤炭清洁化水平，最大限度满足用户的质量要求，为国内外用户提供满意放心产品。为推进清洁煤炭能源发展，神华集团制定了"1245"清洁能源发展战略，以研究开发超清洁煤炭产品为目标，进一步提高煤炭产品清洁化水平，提高煤炭生产和利用全过程的能源利用效率，并最大限度减少煤炭生产和利用全过程污染物排放，引领我国煤炭行业健康可持续发展。

1 清洁能源标准与超清洁煤炭产品

中国能源消费结构中不能没有煤炭，但中国需要清洁煤炭。从国际看，能源格局发生重大调整。受能源需求增长放缓、油气产量持续增长、非化石能源快速发展等因素影响，能源供需宽松，价格低位运行。能源结构调整步伐加快，清洁化、低碳化趋势明显，煤炭在一次能源消费中的比重下降趋势不可逆转。从国内看，经济发展进入新常态，从高速增长转向中高速增长，向形态更高级、分工更优化、结构更合理的阶段演化，能源革命加快推进，非化石能源替代化石能源步伐加快，生态环境约束不断强化，煤炭行业提质增效、转型升级的要求更加迫切，行业发展面临历史拐点。

但无论形势怎样变化，煤炭在我国的主体能源地位短时间内不会改变。我国仍处于工业化、城镇化加快发展的历史阶段，能源需求总量仍有增长空间，立足国内是我国能源战略的出发点。煤炭占我国化石能源资源的90%以上，是稳定、经济、自主保障程度最高的能源。煤炭在一次能源消费中的比重虽逐步降低，但在相当长时期内，主体能源地位不会变化。根据我国能源发展战略，到2020年，煤炭在我国一次能源消费结构中的比重仍在58%左右，消费量41亿t，我国"以煤为主、多元发展"的能源发展方针不会改变，煤炭作为主体能源的地位不会改变。

面对环境污染和经济发展新常态，煤炭发展的环境约束日益强化，全球化的碳减排大势已定，对煤炭的清洁化提出更高的要求。一般认为清洁煤炭能源有四个标准，一是能源利用效率，就是煤炭生产效率和利用效率最高，减少能源消耗量，从而减少CO_2的排放量；二是减少污染物的排放，在煤炭生产和利用过程中，最大限度减少污染物的排放，保护生态环境；三是经济效益好，在煤炭生产和利用过程中，给企业带来经济效益；四是确保国家能源安全，即依法合规生产，满足国家能源需求。

因此，提高煤炭清洁化水平，生产清洁能源，不能简单地只考虑煤炭生产过程清洁化，还要考虑煤炭生产和利用转化全过程清洁化。煤炭产品是连接煤炭生产和利用的关键环节。煤炭产品清洁化既和煤炭生产过程有关，又和煤炭利用有关。生产超清洁煤炭产品，就是将煤炭生产和利用统一考虑，确定煤炭产品的质量指标，实现煤炭生产利用全过程能源效率最高、污染物排放最少、经济效益好、符合国家相关政策。这种煤炭产品超越了单一的煤炭生产，超越了单一的煤炭利用，属于超清洁煤炭产品，为建设美丽中国作出贡献。

2　神华煤质特点及配煤

2.1　神华煤质特点

神华集团是世界最大的煤炭生产和销售商，拥有世界最大井工矿公司——神东煤炭集团，产能2亿t/a，拥有国内最大的露天煤矿公司——准格尔能源公司，产能6900万t/a。两公司合计产能约占神华集团总产能的60%以上，是神华集团煤炭产业的基础，始终引领中国煤炭产业的进步。

神华神东块煤质量指标见表1。神东集团生产的侏罗纪动力煤是我国动力煤中的精品，被称为我国动力煤的“味精”，具有“三高、三低，一稳定”等特点。“三高”是发热量高，收到基发热量在5800kcal以上；化学反应活性高，1100℃时，煤对CO_2反应性可达到100%；燃尽率高，燃尽率大于99.88%，飞灰中可燃物含量低于1.75%。“三低”是燃点低，电厂着火温度460℃；灰分低，灰分含量小于8%；硫分低，硫分含量可低于0.35%。“一稳定”是利用现代化装备规模化生产，产品质量稳定，属于环保型优质动力煤。但神东煤灰熔点低，灰中钙含量较高，易结渣，水分含量相对较高。

表1　神华神东块煤质量指标

煤种	粒度/mm	全水分M_t/%	空气干燥基水分M_{ad}/%	干燥基灰分A_d/%	干燥无灰基挥发分V_{daf}/%	全硫$S_{t,d}$/%	发热量$Q_{net,ar}$/(kcal/kg)	灰熔点DT/℃	黏结指数
神东精块2	25～200	14.6～16.0	5.0～7.0	5.0～8.0	32.5～36.5	0.25～0.55	5600～5950	1100～1250	0
神东精块4	25～200	12.1～16.0	5.2～5.6	5.2～6.5	33.5～34.0	0.15～0.55	5900～6300	1100～1250	0

神华准能块煤质量指标见表2。准能集团生产的石炭动力煤是我国著名的动力煤品牌，是我国大型电厂首选的主要动力煤种之一，具有“两高、两低，一稳定”等特点。“两高”是灰熔点高、灰熔点大于1460℃；灰白度高，灰白度大于60%。“两低”是硫分低，硫分含量可低于0.35%；水分低，水分含量可低于10%。“一稳定”是利用现代化装备规模化生产，产品质量稳定，但其化学反应性中等，1100℃时煤对CO_2反应性大于80%。

表2 神华准能块煤质量指标

煤种	粒度/mm	M_t/%	M_{ad}/%	A_d/%	V_{daf}/%	$S_{t,d}$/%	$Q_{net,ar}$/(kcal/kg)	DT/℃	黏结指数
精块1号	13～150	9.5～11.5	1.1～4.5	15～18	36～39	0.3～0.50	5200～5400	＞1460	0

2.2 神华配煤系统

首先，建立了完善的煤质管控系统，对煤质进行预测预报，为配煤满足用户的质量需求奠定了基础。

其次，在煤矿，能实现分采分运的尽量实现分采分运，加强煤矿工作面源头质量管理，保证煤炭产品质量，同时，降低煤炭提质加工成本。

再次，对选煤厂进行改造，提高煤炭洗选能力。目前，正在推广应用先进弛张筛，改造选煤厂，提高选煤效率，成效显著。

最后，建立了从煤矿到用户的多层级配煤系统，可满足不同用户的质量需求。在煤矿可以实现工作面配煤开采，经洗选加工后可实现配煤装车，在煤炭运输过程中可实现配煤调运，在港口可以实现配煤装船，在用户处可以指导用户配煤使用。

3 超清洁煤炭产品研发及应用

为了提高煤炭清洁化水平，生产的超清洁煤炭产品是根据煤炭用途生产的专用煤炭产品，因此，这种产品具有专用化、全利用、高效率、低污染、低成本的特点。专用化，就是针对用户需求，利用神华集团先进的煤炭生产工艺和配煤系统，按用户需求生产煤炭产品；全利用，就是不仅利用煤中有机组分挥发分、固定碳等，又要利用无机组分灰分等，提高煤炭的价值；高效率，即提高能源利用效率，降低能源消耗；低污染，指生产低灰、低水含量、低硫含量、低汞含量的煤炭产品；低成本，即科学组织生产，降低煤炭生产成本，实现煤炭生产和利用单位的双赢。

3.1 环保块煤

从2013年开始，神华集团针对用户的需求，对煤炭生产和港口运输系统进行技术改造，提升块煤的品质，用先进的分级破碎机破碎原煤，保证煤炭产品含块率；用以世界一流弛张筛和浅槽为核心的深度分选工艺改造选煤厂洗选系统，降低块煤产品的灰分；研究集装箱块煤运输，实现定向高效运输；用源于德国的块煤防破碎技术改造块煤输送系统，降低块煤破损率，降低陶瓷厂等用户使用成本；研究神华块煤气化特性，指导用户用好神华煤，通过为用户“专业定制”式生产块煤产品，将最合适的煤炭产品供给最合适的用户，最大限度提高用户的能源利用效率，减少污染物排放，降低用户的成本，实现用户和神华效益最大化。

在珠海煤码头、准能集团和神东煤炭集团成功实施块煤生产转运系统改造，形成了以神华珠海煤码头为龙头的我国块煤产量规模最大、品质高、成本低的专业块煤生产和输运系统。

神华环保块煤利用“准煤”和“神东煤”两种块煤中灰成分的差异进行配比，克服了单一块煤存在的气化温度低、气化效率低等问题，形成高灰熔点、低灰、低水分含量的固定床气化炉用优质专用块煤。此外，准能块煤的筛下物可以用于陶瓷产品干燥，由于准能煤灰分中Al_2O_3含量高，还可以提高陶瓷产品的灰白度，此环保块煤不仅充分利用了煤中的有机组分，还充分利用了煤中无机组分，成为一种发挥神华煤质优势、渗透神华人智慧、适用于固定床气化炉的环保块煤产品。

神华环保块煤利用神华集团两种优质块煤配制而成，不仅具有灰分、硫分、汞、砷含量低等特点，而且具有可释放硫低的特点，因此，煤气中硫含量低、质量好，降低煤气净化成本。由于环保块煤水分含量低，可以减少废水产生量，降低用户废水处理成本，预计减少废水排放40万t左右。

和单种块煤气化相比，神华环保块煤生产成本低，提高了气化效率，可以显著降低用户的气化燃料成本，实现神华和用户双赢。

神华环保块煤质量指标见表3。以神华准能和神华神东块煤基础配煤加工的块煤，煤质具有两种块煤的优点，降低了水分和硫分含量，水分含量可低于12%，硫分含量可低于0.35%，提高了煤炭清洁化水平，提高了灰熔点，保持了高灰熔点煤的特性，灰熔点大于1460℃，灰分含量可低于9%，仍属于特低灰煤产品。由于配煤提高了煤的灰熔点温度，提高了气化温度，使环保块煤综合气化性能优良，提高了气化效率，减少了污染物的排放，降低了块煤气化成本，因此深受广大用户的欢迎。

表3 神华环保块煤质量指标

煤种	粒度/mm	M_t/%	M_{ad}/%	A_d/%	V_{daf}/%	$S_{t,d}$/%	$Q_{net,ar}$/(kcal/kg)	DT/℃	黏结指数
神华环保块煤（1号）	13～200	11.0～14.8	3.8～5.2	8.0～9.5	33.5～36.5	0.25～0.50	5480～5720	—	0
神华环保块煤（2号）	13～200	11.0～14.8	4.0～4.3	8.0～9.0	34.0～34.5	0.25～0.50	5690～5970	—	0

注：神华环保块煤（1、2号）分别由精块2（精块4）与准精块1号7：3配制。

3.2 环保高炉喷吹煤

从2009年开始，神华集团针对高炉炼铁用户的需求，专门研究生产高氧化钙含量、低水分含量的高发热量高炉喷吹煤，用以世界一流弛张筛和浅槽为核心的深度洗选工艺改造选煤厂洗选系统，降低煤炭产品的灰分，提高发热量；研究神华煤高炉喷吹特性，指导钢铁行业用户用好神华煤，通过为用户“专业定制”式生产高炉喷吹煤产品，将最合适的煤炭产品供给最合适的用户，最大限度提高用户的能源利用效率，减少污染物排放，降低用户的成本，实现用户和神华效益最大化。

神华高炉喷吹煤不仅利用煤中有机组分挥发分、固定碳等，又利用了煤中CaO等无机组分等，提高煤炭的价值。在高炉炼铁过程中，炼铁用焦炭和高炉喷吹煤每增加1%的灰分，高炉焦比约提高2%，石灰石用量约增加2.5%，高炉产量约下降2.2%。因此，高炉炼铁对高炉喷吹煤灰分含量有严格要求，我国一级高炉喷吹煤要求灰分小于11%，而神华神东集团生产的部分低灰煤灰分含量为6%～8%，其中CaO含量为30%左右，因此，在炼铁过程中需要外加石灰石脱除的灰分仅2%～3%。神华煤用于高炉喷吹可极大提高高炉炼铁效率，降低炼铁成本。按我国高炉喷吹煤产品质量标准，根据用户需求特点，神华生产的高炉喷吹煤是比我国优质高炉喷吹煤质量还优的产品，属于超清洁煤炭产品。

神华超清洁煤产品与其说是一种产品，更确切地说是一种技术服务，是一种产品加技术服务的特殊产品，是以神华优质煤炭产品质量为基础，通过技术服务，指导用户科学应用神华煤，取得更高的能源利用效率，实现更低的污染物排放，取得更好的经济效益。这种煤炭的清洁化是在煤炭生产利用一体化理念下，转变煤炭生产方式，推进神华集团煤炭生产销售向“定制化生产、个性化销售”转变，实现煤炭生产利用的超清洁化。

4 结论

深入研究神华煤质特性，深入研究各类用户的煤炭质量需求，根据用户质量需求，科学组织生产，提高煤炭清洁化水平，生产超清洁煤炭产品。这将推动集团煤炭生产销售向“定制化生产，个性化销售”转变，实现神华集团与用户的双赢。同时，将引导集团煤炭板块向清洁煤炭生产发展，形成集团煤炭板块不可复制的竞争力，为我国建立清洁低碳、安全高效的现代能源体系作出贡献。

1-4

建设现代化煤炭生产系统 提高煤炭产品质量*

摘要：按世界一流能源企业标准，神华集团建成了现代化煤炭生产线、选煤厂加工和储装运系统，形成了煤炭产品从井下回采工作面直到用户的“全封闭、连续、不落地”的煤炭生产运输系统，为保证终端用户煤炭产品质量提供了可靠的技术和装备保证。

关键词：煤炭；生产；质量

质量是企业的生命，神华集团作为世界上最大的煤炭企业，始终重视现代化煤炭生产与加工体系建设，加强煤炭产品质量管理，把提高煤炭产品质量作为神华强身健体工程和“质量效益型”企业建设的重要组成部分。近年来，神华集团投入大量资金，按世界一流能源企业标准，建成了现代化煤炭生产线、选煤厂加工和储装运系统。目前神华集团已形成了煤炭产品从井下回采工作面直到用户的“全封闭、连续、不落地”的煤炭生产运输系统，为保证终端用户煤炭产品质量提供了可靠的技术和装备保证。神华集团以先进的采煤、洗选加工工艺系统和现代化装备为基础，依靠技术创新和科学管理，克服了地质条件变化和产量增长带来的诸多困难，在神华集团煤炭产量连续多年千万吨跨越式增长的过程中，保证了终端用户煤炭产品质量实现“稳定化、均质化、优质化”（“三化”）和“零杂物”，最大限度地满足用户质量要求。

神华集团煤质管理以市场为导向，以满足客户需求为目标，制订了合理灵活、标准化与差异化相结合的煤质管理方案和加工措施，围绕落实神华集团煤质管理办法，建立了煤质现场管理、煤质检测预报、煤质信息网络管理和提质加工四大煤质管理体系，形成了覆盖全集团、立体的煤质管控网络，为打造神华煤品牌、实现经济效益最大化作出贡献。

---

* 本文发表在神华集团第三届矿长大会论文集，该论文集由煤炭工业出版社于2011年出版。

1　神华集团煤质特点

神华集团煤炭产量大、品种多，煤炭性质差异大，按国家煤炭分类标准，神华集团生产的主要动力煤产品可分为弱黏煤、不黏煤、长焰煤和褐煤等，产品热值为12.56～25.96MJ/kg，神华集团的动力煤煤质特点如下：

（1）化学反应活性高，燃点低，燃尽性能好。

（2）灰、硫、磷等杂质含量低，属于环保型优质动力煤。

（3）灰熔点低、灰中钙含量较高，易结渣。

（4）长期储存易自燃。

近年来，神华煤的长期应用实践表明，利用好神华煤的煤质特点，可以给用户带来显著的经济效益和环保效益。

2　神华集团现代化煤炭生产系统

神华集团不断改进采煤工艺，投资装备了一流的机械化采煤、洗选、装车、除杂和检测装备，建成了煤炭产品“全封闭、连续、不落地”的煤炭生产运输系统，为稳定提高煤炭产品质量奠定了坚实的技术和装备基础。

（1）井下采掘工艺以机械化综采和连采为主，到目前为止，神华集团已经完全取消了炮采等落后采煤工艺，避免了爆破母线、雷管等杂物的混入，使商品煤的质量得到保障。

（2）广泛推广应用大采高、加长工作面，不但减少了搬家倒面次数，降低了采煤成本，而且降低了对煤质的影响，提高了煤炭产品质量。

（3）煤质管理渗透到采掘工作面的设计、生产全过程，严格根据煤层厚度，选择配置不同型号的支架和采煤机，尽量避免采煤过程中割顶、割底和漏矸，减少矸石的混入，从源头保证煤炭产品质量。

（4）地面配套建设了原料煤储罐、自动化选煤厂和装车站，实现了煤炭产品从井下工作面到终端用户的“全封闭、连续、不落地”生产运输，为产品质量稳定提供了可靠的技术和装备保证。为了提高选煤厂运行效率，提高精煤回收率，近年来又研究低煤泥产量动力煤全入洗选煤工艺，提高了精煤产率和选煤厂经济效益，引领国内选煤技术的进步。

（5）在港口转运环节，专门设置超导除铁器等除杂装置，进一步清除煤中杂物，在煤炭运输过程中进一步提高煤炭产品的外观质量。

3 煤质管理与加工体系

随着神华集团煤质管理办法的全面深入贯彻落实，建立了从煤矿到港口、从集团总部一直延伸到基层班组的煤质管理体系，并在全集团范围内，实施了煤质考核奖罚办法。煤质管理体系包括煤质现场管理体系、煤质检测和预报体系、煤质信息网络体系和煤炭提质加工体系，考核奖罚办法主要是对相关责任人进行考核和奖罚，调动各级员工做好煤质工作的积极性，确保煤炭产品质量稳定。

3.1 煤质现场管理体系

3.1.1 煤质现场管理

对于具有煤炭产品“全封闭、连续、不落地”生产运输系统的神华集团来说，煤质现场管理对保证神华集团的煤炭产品质量具有特殊的意义。近年来，各分（子）公司采取驻矿监督检查和动态检查相结合的管理模式，对煤矿生产现场煤质进行监督管理。煤矿派驻煤质管理员跟班作业，严格按照《煤质管理实施细则》要求，对采煤生产一线进行监督检查，发现问题，现场落实责任人，签发整改通知单，限期整改并跟踪复查。煤质现场管理主要是加强对灰、水、杂物的控制和特殊时期的煤质控制。

（1）灰分控制

一是严格控制采掘工作面顶底板，防止割顶、割底和大面积冒顶漏矸；二是采掘工作面出现构造或半煤岩时，实行分掘（割）、分装、分运、分储；三是及时超前清理了采掘工作面巷道50m范围内的淤泥、积水和脏杂煤，防止进入运输系统；四是对打锚杆时所产生的岩粉进行回收考核。

（2）水分控制

一是提前完善了工作面抽排水系统，有积水及时抽排；二是将煤机等产生的冷却水全部引出机道，喷雾水保持雾状；三是工作面湿煤经倒堆降水后方可上系统；四是井下带式输送机巷各道水幕下设置了遮水拱；五是加强了供排水管路的维护，杜绝了跑、冒、滴、漏。

（3）杂物控制

一是从源头控制杂物的混入，提前清理综采、连采工作面100m范围内的杂物；二是按工作面、洗选除杂点数量，配备标准杂物箱，发放各矿、厂，避免杂物乱丢乱放现象；三是按照除铁器管理办法要求，各矿、厂、站都配置了足够数量的除铁器，选煤厂加做了拦杂网；四是杂物管理实行连带责任制，即后一环节拣到杂物，上一环节承担罚款；五是制订了雷管管理使用办法，建立了雷管网络查询系统。目前，矿井原煤、商品煤万吨含杂率分别控制在2.5kg、0.5kg以内，并呈逐年下降趋势，居国内领先水平。

（4）特殊时期的煤质控制

随着矿井开采强度的加大，井下地质条件不断恶化，冲刷、断层及富水区等影响煤质的因素逐年增多，各单位根据自身生产实际，编制了煤质在采煤过构造、断层、冲刷等特殊时期的应急预案，在技术、设备和人力等方面提供了充分的煤质保障措施，将突发因素对煤质的影响降到最低。

3.1.2　储装运环节煤质管理

在煤炭储装运环节，加强储煤仓和装车过程的检查，做好记录，发现质量问题及时处理。

在港口要把好煤炭验车卸车关、堆垛除杂关、测温防火关、登船验仓关和装船监控关，进一步清除煤中杂物，并做好记录和杂物溯源工作，把好煤质工作最后一道关口。

3.2　煤质检测和预报体系

按国家煤质化验室的有关规定，建立了国内一流的煤质化验室和煤质预测预报体系，确保煤炭产品质量符合市场要求。

煤质化验室检测严格按国家颁布的标准，进行分析检测，检测结果及时输入煤质信息网，化验人员培训合格后，持证上岗，严禁培训不合格的人员上岗操作。

为生产用户满意、适销对路的煤炭产品，各公司煤质主管部门超前研究各矿煤质赋存规律和采场条件对煤质可能造成的影响，参与采掘设计及接续计划工作，深入各矿、选煤厂调查研究，为产、洗、储、装、运提供有力的技术支持。

根据各矿生产接续计划，认真收集、整理分析不同采掘阶段影响煤质的各种因素，编制月、季、年度和特殊时期煤质预测预报，有效地指导生产、销售和现场煤质管理，稳定商品煤质量。

3.3 煤质信息网络体系

煤质信息网络体系是全公司煤质管理工作的基础。为保证煤质信息快速、准确传递，神华集团依托现代化信息技术，建立了覆盖全公司煤炭生产和销售系统的煤质信息网络体系。煤质信息网络体系包括各煤炭生产公司、销售公司等单位，内容包括煤质预测预报，煤炭产品质量、数量和用户对煤炭质量的要求等。

煤质信息网络体系加快了煤质信息在各公司、各部门之间的传递速度，增强了各部门工作的协调性和互补性，提高了煤质管理工作效率，使煤炭生产与销售部门共同应对市场，为建立覆盖全公司的、立体煤质管理网络奠定了基础，提高了神华集团煤炭产品的市场竞争力。

3.4 煤炭提质加工体系

神华集团所有煤矿均根据各矿煤质特点和用户需求建设了选煤厂，而且在港口建设了目前国内最大的动力煤配煤系统，确保装船煤质量满足用户要求。目前神华集团正在开发具有神华特色的煤炭脱水技术、低煤泥产量煤炭全入洗技术等，进一步提高神华集团的煤炭质量控制水平。

神华集团的选煤厂大部分采用重介质浅槽和重介质旋流工艺，部分选煤厂为提高资源回收率还建设了矸石再洗系统，为煤炭产品质量实现“三化”和“零杂物”发挥了重要作用。

（1）各选煤厂制订了保证煤质预案，以便发生原煤中矸石量突然增大等异常情况时，及时采取快速更换分级筛板改变原煤入选比例等措施稳定煤质，稳定煤炭产品质量，降低对用户的影响。

（2）对部分选煤厂高水、高泥煤及时调整选煤工艺，制订了稳定煤质的最佳方案。

（3）为了确保各选煤厂商品煤指标的完成和回收率的提高，各选煤厂根据原煤质量变化情况，每月对入洗原煤及矸石进行浮沉试验，了解原煤各密度级质量及矸石带煤量，及时调整洗选参数、科学选煤。

（4）及时对粗细煤泥进行采样化验，发现水分含量超标，立即对离心机及加压过滤机进行检修调试，确保脱水设备处于最佳运行状态。

（5）在生产、洗选、装车等主要环节安设除铁器，原煤至装车经过多道除铁器，有效地控制商品煤杂物含量。

（6）加强对破碎机的检查与维护，确保商品煤粒度达到用户要求。

4 结语

随着现代煤炭生产系统的建立及配套管理体系的逐步完善，神华集团形成了煤炭产品从井下回采工作面直到用户的“全封闭、连续、不落地”的煤炭生产运输系统，为保证终端用户煤炭产品质量提供了可靠的技术和装备保证，同时，保证了神华集团在煤炭产量高速增长过程中，煤炭产品质量的相对稳定，赢得了国内外广大用户的信任，为神华煤品牌增添了光彩。

1-5

发展煤炭加工利用产业基本原则探讨*

摘要：根据煤的基本性质，分析研究了当前我国发展煤炭加工利用产业的基本原则。为了加快我国煤炭工业发展方式的转变，应以煤矿、燃煤电厂和煤化工厂为中心发展煤炭加工利用产业。发展煤炭加工利用产业应遵循3个基本原则，即煤质原则、能源效率原则和清洁原则，确保煤炭加工利用产业健康发展。

关键词：煤质；能源；效率；清洁

加快煤炭产业结构调整，转变经济发展方式，增强煤炭产业可持续发展能力，用有限的煤炭资源支撑我国经济持续稳定发展，是我国当前急需解决的问题之一。发展煤炭加工利用产业，是转变煤炭产业发展方式的重要内容之一。为减少煤炭资源的浪费，降低煤炭利用过程对环境的污染，提高能源效率，要根据煤炭资源的特点，以煤矿、燃煤电厂和煤化工厂为中心发展煤炭加工利用产业。

煤是由以碳为主要成分的碳氢有机物和灰分等无机物组成的混合物，一般认为煤是由植物经过复杂的地质条件变化而生成的混合物。由于成煤的植物不同，以及经历的成煤过程不同，煤的性质千差万别，用途迥异。我国煤炭资源丰富，品种多，按新颁布的中国煤炭分类，我国煤炭可分为三大类，十七小类煤种[1]。这些煤种有的适合炼焦、有的适合煤液化、有的适合煤气化、有的只能用于燃烧发电。煤中无机物成分性质差距也很大，导致不同矿区煤的灰熔点、结渣性差距很大。煤在燃烧利用时，应根据煤的性质，设计燃烧或利用装置，实现煤的能源利用效率和综合利用率最大化。

因此，发展煤炭加工利用产业，应遵循的基本原则是煤质原则、能源效率原则和清洁原则，以提高煤炭加工利用产业的市场竞争力，推进煤炭加工利用产业的健康发展，为我国经济持续稳定增长提供能源支撑。

---

* 本文发表在《神华科技》2011年第4期，论文作者还有杨汉宏、崔高恩、王少磊。

1　以煤质为基础发展煤炭加工利用产业，科学延长煤炭产业链

煤质原则，就是以煤质为基础发展煤炭加工利用产业。2010年，我国煤炭产量32.4亿t左右，其中，约17.5亿t用于燃烧发电；约5.42亿t用于钢铁行业，约4.8亿t用于建材行业；约1.4亿t用于气化生产化工产品；民用及其他用途约3.3亿t。预计2011年发电用煤增长9.9%，钢铁行业用煤增长5.1%，建材行业用煤增长3.2%，化工行业用煤增长5.9%[2]。从我国煤炭应用的结构来看，煤炭最主要的用途是燃烧。主要用于燃烧发电、民用、炉窑燃烧加热等，占我国煤炭总产量的70%以上，生产化工产品用煤仅占煤炭总产量的4.3%，而煤制化工产品如甲醇，受国际油价和进口甲醇的影响，价格波动很大，还经常市场过剩，开工率很低。因此，如某些地方政府要求至少就地转化50%以上的煤炭生产化工产品，则会造成煤炭资源的严重浪费和加工产品的过剩，并降低企业的盈利能力，因此，应以煤质为基础发展加工利用产业。

为指导煤的合理应用，发展加工利用产业，提高煤炭利用效率，我国早在20世纪50年代就制订了以炼焦煤为主的煤炭分类方案，将我国煤炭分为10类，于1958年颁布试行，见表1[3]。

表1　中国煤炭分类（以炼焦煤为主）方案（1958年试行）

大类别名称	小类别名称	分类指标	
		V_{daf}/%	Y/mm
无烟煤		0 ～ 10	—
贫煤		> 10 ～ 20	0（粉状）
瘦煤	1#瘦煤	> 14 ～ 20	0（成块）～ 8
	2#瘦煤	> 14 ～ 20	> 8 ～ 12
焦煤	瘦焦煤	> 14 ～ 18	> 12 ～ 25
	主焦煤	> 18 ～ 26	> 12 ～ 25
	焦瘦煤	> 20 ～ 26	> 8 ～ 12
	1#肥焦煤	> 26 ～ 30	> 9 ～ 14
	2#肥焦煤	> 26 ～ 30	> 14 ～ 25
肥煤	1#肥煤	> 26 ～ 37	> 25 ～ 30
	2#肥煤	> 26 ～ 37	> 30
	1#焦肥煤	≤ 26	> 25 ～ 30
	2#焦肥煤	≤ 26	> 30
	气肥煤	> 37	> 25

续表

大类别名称	小类别名称	分类指标	
		V_{daf}/%	Y/mm
气煤	1#肥气煤	＞30～37	＞9～14
	2#肥气煤	＞30～37	＞14～25
	1#气煤	＞37	＞5～9
	2#气煤	＞37	＞9～14
	3#气煤	＞37	14～25
弱黏煤	1#弱黏煤	＞20～26	0（成块）～8
	2#弱黏煤	＞26～27	0（成块）～9
不黏煤		＞20～37	0（成粉）
长焰煤		＞37	0～5
褐煤		＞40	

注：V_{daf}为干燥无灰基挥发分；Y为胶质层厚度。

随着煤炭在冶金、气化、动力和化工等方面应用的日益增长，各行业对煤的类别、品种和质量提出各自特定的技术要求。此外，各种以煤为原料或燃料的设备，只有使用类别合适的煤炭，才能充分发挥设备的效能，提高能源利用效率。原有煤炭分类在工业实践中逐渐暴露出其不适应性和诸多明显的缺陷。例如分类划分不合理，同一大类煤的结焦性相差较悬殊，分类指标适应性不广。因此从20世纪70年代我国开始研究新的煤炭分类标准，于1986年颁布了我国新的煤炭分类标准（GB 5751—1986），见表2。我国新的煤炭分类标准，首先将煤分为褐煤、烟煤和无烟煤3大类，将褐煤分为2小类，无烟煤分为3小类，烟煤分为12小类。新的煤炭分类很好地体现了不同煤种的性质差别，在指导煤炭生产和应用方面发挥着越来越重要的作用，使不同性质的煤得到充分的利用，为以煤质为基础发展加工利用产业奠定了技术基础。

表2　中国煤炭分类简表

类别	数码	分类指标					
		V_{daf}/%	G	Y/mm	b/%	P_m/%	$Q_{gr,m,af}$ /(MJ·kg^{-1})
无烟煤	01、02、03	≤10.0					
贫煤	11	＞10.0～20.0	≤5				
贫瘦煤	12	＞10.0～20.0	＞5～20				
瘦煤	13、14	＞10.0～20.0	＞20～65				
焦煤	24	＞20.0～28.0	＞50～65	≤25.0	（≤150）		
	15、25	＞10.0～28.0	＞65				

续表

类别	数码	分类指标					
		V_{daf}/%	G	Y/mm	b/%	P_m/%	$Q_{gr,m,af}$/(MJ·kg^{-1})
肥煤	16、26、36	> 10.0 ～ 37.0	(> 85)	> 25.0			
1/3焦煤	35	> 28.0 ～ 37.0	> 65	≤ 25.0	(≤ 220)		
气肥煤	46	> 37.0	> 85	> 25.0	(> 220)		
气煤	34	> 28.0 ～ 37.0	> 50 ～ 65	≤ 25.0	(≤ 220)		
	43、44、45	> 37.0	> 35				
1/2中黏煤	23、33	> 20.0 ～ 37.0	> 30 ～ 50				
弱黏煤	22、32	> 20.0 ～ 37.0	> 5 ～ 30				
不黏煤	21、31	> 20.0 ～ 37.0	≤ 5				
长焰煤	41、42	> 37.0	≤ 35			> 50	
褐煤	51	> 37.0				≤ 30	≤ 24
	52	> 37.0				> 30 ～ 50	

注：G为黏结指数；b为奥亚膨胀度；P_m为透光率；$Q_{gr,m,af}$为无灰恒湿基发热量。

在煤炭开采过程中，要坚持提高回采率，根据煤的性质对煤炭进行洗选加工和干燥脱水加工处理，提高煤炭产品质量，减少煤炭的无效运输，提高运输效率。

燃烧对煤的质量要求最为宽松。一般来说，各种煤阶、不同类别、等级的煤都能用于燃烧，加上燃煤设备种类繁多，操作条件也可控制与调节，往往使人们忽视燃煤产品如何做到适销对路的问题。致使煤的质量不能很好地符合燃煤用户的要求，造成煤炭利用效率不高。从而浪费了宝贵的煤炭资源，同时也加重了由燃煤造成的环境污染。为提高能源利用效率，满足各种燃煤设备及环保的要求，应加强煤质与燃烧工艺之间关系的研究。提高煤炭燃烧效率，减少燃煤产物对环境的污染。根据煤的性质，做好烟气净化和粉煤灰的利用，提高煤炭的经济价值。

煤炭气化是煤转化的主要途径之一，煤质与气化特性之间的相关关系是十分复杂的。因为除煤本身性质外，还和气化介质、气化炉型、过程条件以及最终产品的要求密切相关。气化对煤的质量要求也是比较宽松的，各种煤阶、不同类别、等级的煤都能用于气化。为了提高煤的综合利用和热效率，并减少对环境的污染，人们开发了多种气化工艺，各种工艺对煤质均有不同要求。因此应根据煤的性质，选择确定气化工艺。并对气化过程中产生的各种废渣、废气进行综合加工利用，提高资源的综合利用率。

煤在冶金行业主要用于炼焦，炼焦用煤是煤转化工艺中对煤质要求较为严格的。因此传统的煤炭分类主要针对烟煤中的炼焦煤进行分类，兼顾煤的燃烧、气化及其他领域的煤质要求。传统煤分类都是对单种煤进行分类，然而现代焦化厂几乎都用配煤生产焦炭，通过配煤可以把一些非炼焦煤用于生产焦炭。提高了煤炭产品的价值，同时降低焦炭生产成本。因此，要求煤的分类指标具有可加性，即根据配煤中各种煤的煤质指标，通过可加性原则，确定每种煤在炼焦配煤中的比例，使配煤焦炭质量最佳，且成本最低。

2 提高煤炭全过程能源利用效率，推进节能减排

能源效率原则，就是提高煤炭利用全过程能源效率，推进节能减排。用全过程能源利用效率科学评价煤加工利用项目，不仅要保证项目有良好的经济效益，而且要提高能源利用效率，确保煤炭利用的全过程能源效率高，减少煤炭资源的浪费及各种污染物的排放，为发展低碳经济作出贡献。

煤炭大量直接用于燃烧，首先是能源效率问题。从开采、加工、转换、输送、分配到终端利用的能源系统的总效率十分低。其中开采效率（回采率）为30%～40%，中间环节效率为70%，终端利用效率为41%。全过程能源效率比国际先进水平低10个百分点，而终端利用效率低10个百分点以上[4]。这需要采取节能优先的能源发展战略，依靠科技来提高能源效率。

为提高各种煤炭利用全过程的能源效率，在低热值煤大规模开发利用中，要坚决贯彻就地转化利用原则。减少无效运输，因地制宜将煤炭转化为电力和各种化工产品，利用煤炭转化利用过程中的余热对煤炭进行干燥加工处理，积极推进利用余热的低温煤炭干燥脱水技术，提高煤炭的经济价值，提升煤炭转化全过程能源效率，减少CO_2等污染物的排放。

节能减排，发展循环经济，是走向低碳经济的第一步。对以煤炭为主要能源的国家来说，选煤是节能减排的基础。专家预测，煤炭洗选加工是目前我国最有效的节能减排措施。初步测算，如果选煤降低灰分8%，洗选加工原煤3亿t，则可以节省煤炭约2千多万t[5]，环保效益极其显著。因此，应大力发展煤炭洗选加工，提高商品煤质量，提升煤炭利用全过程能源效率。

但在煤炭洗选过程中不可避免地产生大量低热值煤泥，热值在12～16MJ/kg

左右，部分煤泥热值在12MJ/kg以下。因此，要做好煤泥就地转化利用工作，提高外运商品煤的质量，为提升煤炭能源利用效率、减少污染物的排放作出贡献。

3 发展清洁加工利用技术，减少煤炭利用过程对环境的污染

清洁原则，就是发展煤炭清洁加工利用技术，减少煤炭利用过程对环境的污染。与工业发达国家相比，我国煤炭加工利用产业比较落后，主要表现为设备加工能力小、工艺水平低、产品品种少、能耗高、环境污染严重等。造成这种现象的主要原因是装置规模小、项目分散、产业集中度低，煤炭综合利用程度低。

煤炭加工利用产业是属于技术密集型和投资密集型的产业，应采取最有利于提高经济效益的建设及运行方式。煤炭加工利用产业发展要坚持一体化、基地化、大型化、现代化和集约化。实现清洁生产，减少煤炭利用过程污染物的排放，加快煤炭产业结构调整，转变经济增长方式。

坚持一体化、基地化，就是把大型煤炭加工利用和煤矿、电厂、煤化工厂等结合起来。力求减少煤炭运耗及费用，实施资源优化配置，合理使用煤炭资源。发展以煤为基础的循环经济，就是以煤矿、燃煤电厂和煤化工厂为中心发展综合加工利用产业，使煤炭加工利用与煤矿、电厂、煤化工厂的生产有机结合，做好粉煤灰综合利用。积极推进氧化铝提取和稀有金属提取项目，提高煤炭价值。搞好煤化工厂废水、废气和废渣的净化利用，减少对环境的污染。推进活性焦干法脱硫项目，实现以煤治理燃煤利用造成的污染，实现煤炭的清洁高效利用[6]。

煤的内在固有特性，使煤适宜于综合利用和深加工。基地是企业群体的集称。基地内以煤矿、燃煤电厂和煤化工厂为中心集中布置相关企业，可以充分、高效、合理利用煤炭资源，提高资源配置效率和效益，发挥企业的集聚效应。总之，煤加工利用发展实施基地化布局最重要的目的，是实施以市场为基础的高度煤炭资源优化配置，以煤质为基础实现规模化和集约化经营，形成循环经济发展模式。

坚持大型化、现代化。只有采用一流的技术、一流的设备、一流的管理，建设大型规模化的装置，才能形成国际一流的煤炭加工利用基地，实现跨越式发展，形成国际竞争力。煤加工利用如不具备国际竞争力，则无法忍受国际市场能源价格的波动、经济全球化带来的高度市场竞争冲击。

4　结论

由于煤本身的固有特性，把煤从不清洁的能源转变为清洁的能源和原料，所经过的煤炭加工利用流程长、环节多。因此，为了减少煤炭资源的浪费，减轻煤炭利用对环境的污染，增强煤炭产业的可持续发展能力，应以煤矿、燃煤电厂、煤化工厂为中心，发展煤炭加工利用产业。发展煤炭加工利用产业应遵循3个基本原则：煤质原则、能源效率原则和清洁原则。

煤质原则是以煤质为基础发展后续加工利用产业，做到物尽其用，科学延长产业链；能源效率原则是提高煤炭全过程能源效率，减少煤炭资源的浪费，推进节能减排；清洁原则是发展清洁煤加工利用转化技术，减少煤炭利用过程对环境的污染，更好地保护我们的生存环境。

参考文献

[1] 杨金和，陈文敏，段云龙. 煤炭化验手册[M]. 北京：煤炭工业出版社，2004.

[2] 中国煤炭工业协会. 关于2011年一季度煤炭经济运行情况的通报[R]. 北京：中国煤炭工业协会第4次会议，2011.

[3] 张振勇. 煤的配合加工与利用[M]. 徐州：中国矿业大学出版社，2000.

[4] 陈鹏. 中国煤炭性质、分类和利用[M]. 北京：化学工业出版社，2007.

[5] 张文辉，杨汉宏. 神华集团煤炭全入洗节能减排效果分析与测算[J]. 神华科技，2010, 8(3)：3-4.

[6] 王金力. 调整煤炭产业结构 大力发展低碳经济 培育新的利润增长点[C]. 鄂尔多斯：2010内蒙古煤炭工业科学发展高层论坛，2010.

1-6

加强质量管控　提高市场竞争力*

摘要：神华集团高度重视质量效益型企业建设，建成了世界一流的煤炭全入洗及部分洗选加工和配煤系统，保证了煤炭产品质量。同时，依托“矿路港电油”一体化优势，建立了煤质信息化管理系统和港口的精确配煤系统，提高了神华集团煤炭产品质量保障能力，从本质上提高了神华集团煤炭产品的市场竞争力，在煤炭市场持续低迷的形势下，神华集团生产销售的煤炭产品仍保持了10%以上的增长速度。

关键词：质量管控；神华集团；洗选加工；市场竞争力

质量是企业的生命，神华集团作为世界上最大的煤炭企业，始终坚持加强煤质管控，以质量求发展，质量效益型企业建设成果辉煌。2012年神华集团原煤产量达到4.6亿t。从2011年下半年至今，在煤炭市场持续低迷的形势下，2013年全国煤炭产量负增长，煤炭销售量和价格进入双下降通道，而神华集团的煤炭产品仍然保持畅销。近年来，神华集团深入研究神华动力煤特性，指导用户科学应用神华动力煤，使神华集团和用户实现效益最大化。同时，神华集团建成了现代化煤炭生产线以及选煤加工、储装运和配煤系统，建成了从井下采煤工作面直达用户的全封闭、连续、不落地的煤炭生产、洗选、运输和配煤系统，为确保终端用户的煤炭产品质量提供了可靠的技术和装备保证，从本质上提升了神华集团煤炭产品的市场竞争力。

1　深入研究产品性质，确保用户实现效益最大化

神华集团煤炭产量大、品种多，煤炭性质差异大。按照国家煤炭分类标准，神华集团生产的动力煤为弱黏煤、不黏煤、长焰煤和褐煤等，产品热值为

* 本文发表于《中国煤炭》2013年第8期，作者还有崔高恩、王少磊、薛二龙。

12.6 ～ 25.9MJ/kg，与国内主要动力煤种相比，神华神东煤在灰熔点和含水量等方面不占优势，神华准能煤发热量低，但通过深入研究神华煤的燃烧利用特性，发现神华动力煤具有以下特点，为神华煤成为市场不可缺少的煤炭产品奠定了基础。

1.1 化学反应活性高，燃点低，燃尽性能好

煤粉必须加热到一定的温度才能着火，此温度为着火温度。在目前国内动力煤中，神华神东煤的着火特性属于特优烟煤。如图1所示，其着火温度比其他烟煤低90℃以上，因此，其低负荷稳燃性要高于其他烟煤。我国部分600MW机组燃用不同煤种的最低稳燃负荷为神华煤40%、平混煤50%、大优混煤50%、兖州煤50%。燃用神华煤一般可使不投油最低负荷与额定负荷比低10%左右，可以在经济运行条件下有效地提高机组的调峰能力。

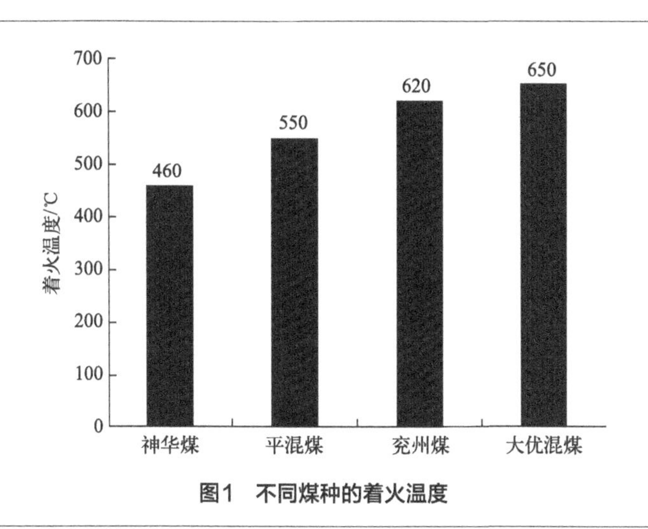

图1 不同煤种的着火温度

煤粉的燃尽性直接关系到锅炉燃烧效率，神华神东煤在国内动力煤中是燃尽性最好的烟煤之一，由图2和图3可以看出，平混煤、兖州煤、大优混煤的燃尽性相差不大，而神华煤的飞灰可燃物含量比其他煤种低2% ～ 4%，因此，燃烧效率比其他3个煤种提高1% ～ 2%，可降低煤耗4 ～ 8g/kWh。因此，虽然神华煤发热量在国内不是最高的，但燃用神华煤经济优势明显，是配煤燃烧应用中的精品煤种。

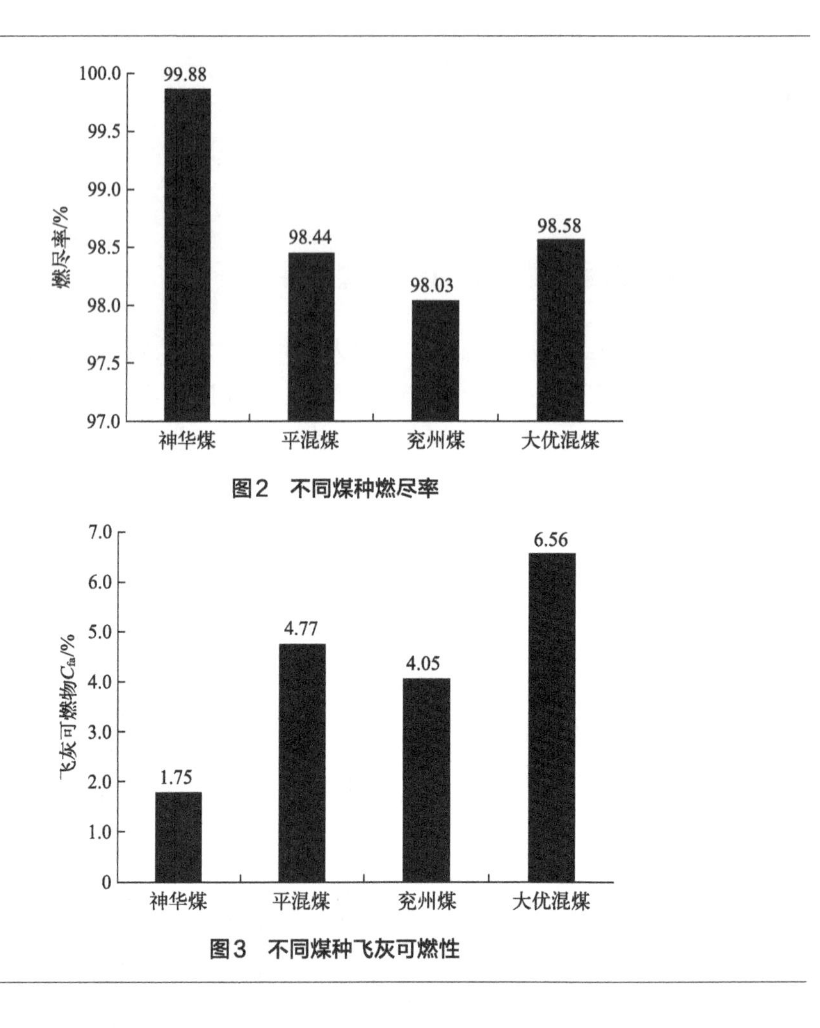

图2　不同煤种燃尽率

图3　不同煤种飞灰可燃性

1.2　灰、硫等杂质含量低，属于环保型优质动力煤

神华神东煤主要煤质参数见表1和表2，神华神东煤属于特低灰煤种，但水分含量较高、硫含量低、发热量高，是国内动力煤中的精品，销售半径覆盖全国，属于精品动力煤。

神华准能煤主要煤质参数见表1和表2，从表中可以看出，神华准能煤灰熔点高、氧化铝含量高、发热量中等，可从煤灰中经济提取氧化铝，是优质的资源化动力煤。

表1 神华动力煤主要指标

产品名称	水分M_t /%	灰分A_d /%	挥发分V_d /%	发热量$Q_{net, ar}$ /（MJ/kg）	全硫$S_{t, d}$ /%	灰熔融温度 ST/℃
神华神东煤	12～16	6～10	34～37	21～25	0.4～0.6	1150～1300
神华准能煤	11～13	20～28	34～37	17～21	0.4～0.6	1350～1500

表2 神华主要动力煤灰成分指标　　单位：%

产品名称	SiO_2	Al_2O_3	Fe_2O_3	CaO	MgO	SO_3	K_2O	Na_2O
神华神东煤	28～36	10～13	7～10	20～30	1.0～1.6	7～14	0.5～2.0	0.5～2.2
神华准能煤	32～37	47～55	1.7～2.3	1.5～3.5	0.5～1.5	2.5～3.0	0.3～0.8	0.2～0.8

1.3 神华神东煤灰熔点低、灰中钙含量较高，易结渣

神华神东煤的灰熔点低，一般在1150～1300℃易出现结渣问题，但由于灰渣的变形温度、软化温度和流动温度相差极小，其结渣具有典型的短渣特性，一般不会出现较厚的渣层，并且其渣型对温度极为敏感，因此可以控制燃烧温度预防结渣。

此外，由于神华神东煤中氧化钙含量高，因此，其在燃烧过程中的固硫性能好，与高硫煤配比燃烧，可以减少硫的排放，降低烟气脱硫成本。神华准能煤中氧化铝含量高，灰熔点高，可以从粉煤灰中提取氧化铝，将灰分从杂质转变为资源，煤炭价值显著提升。此外，神华集团还生产12.6～20.9MJ/kg的褐煤和烟煤，这些煤种具有化学反应活性高等特点。

近年来，通过深入研究神华动力煤的煤质特性，神华动力煤可分为精品动力煤、资源性动力煤和高活性动力煤三大类产品。精品动力煤具有发热量高等特点，适合长途运输；资源性动力煤具有灰分有利用价值、含油率较高等特点，在当动力煤使用时，可回收高附加值的产品；高活性动力煤具有活性高、发热量低等特点，适合就地转化利用。

根据神华煤质特性，神华集团建立了个性化的售后服务体系，指导用户科学地应用神华煤，利用好神华煤的煤质特点，降低发电煤耗，燃用不同比例神华煤的发电煤耗如图4所示。300MW机组单独燃用神华煤与燃用其他煤种相比，发电煤耗可降低10g/kWh，降幅达到3.38%；600MW机组单独燃烧神华煤与燃用其他煤种相比，发电煤耗可降低20g/kWh，降幅达到5.76%，给用户带来显著的经济效益和环保效益。

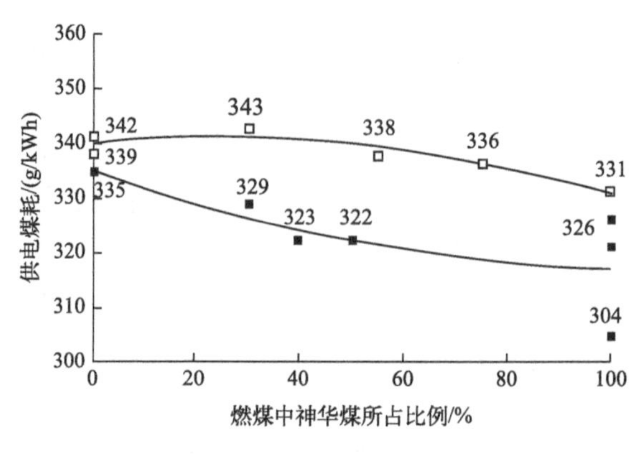

图4　燃用不同比例神华煤的发电煤耗

2　建立煤炭生产运输配煤系统，为产品质量管控奠定坚实基础

2.1　井下采掘工艺以机械化综采和连采为主

目前，神华集团已经完全取消了炮采等落后采煤工艺，避免了雷管等火工品的混入，使商品煤的质量得到保障。广泛推广应用大采高和加长工作面，不但减少了搬家倒面次数，降低了采煤成本，而且减少了对煤质的影响，提高了煤炭资源回收率。煤质管理渗透到采掘工作面的设计过程，严格根据煤层厚度，选择配置不同型号的支架和采煤机，尽量避免采煤过程中割顶、割底和漏矸，减少矸石、顶板和底板的混入，从源头保证煤炭产品质量。

2.2　实现全封闭、连续、不落地生产运输体系

近年来，为了提高对煤炭产品质量的控制能力，对神东选煤厂进行了全入洗改造，提高煤炭入洗率，稳定了神东矿区的煤炭产品质量。地面配套建设了原料煤储罐、自动化选煤厂和装车站，实现了产品从井下工作面到用户的全封闭、连续、不落地生产运输体系，为产品质量稳定提供了可靠的技术和装备保证。

在港口转运环节，专门设置除杂装置，加强对翻车机房的监控，清除煤中杂

物，进一步提高煤炭产品的外观质量；为提高港口的环保性能和配煤准确性，神华集团在港口建成筒仓储煤系统，不仅解决了煤炭储存的环保问题，而且提高了港口配煤装船的精度，在国内率先实现了港口千克级精确配煤，可根据用户需求进行配煤装船操作，精确控制煤炭产品质量，并可以大幅度提高装船效率。

3 加强选煤加工和配煤管理，推进节能减排工作

神华集团所有煤矿均根据各矿煤质特点和用户需求建设了选煤厂，而且在港口建设了目前国内最大的动力配煤系统，确保装船煤质量满足用户要求。

神华集团共有41个运营选煤厂，设计洗选加工处理原煤3.5亿t/a，入洗原煤量从2008年的1.63亿t增加至2012年的3.5亿t，保障了商品煤的质量。神华集团动力煤选煤厂主要集中在神东矿区、宁东矿区、准能矿区、包头矿区和新疆矿区，以世界一流的块煤重介浅槽洗选工艺为主，个别选煤厂为跳汰工艺，部分动力选煤厂末煤采用重介旋流洗选工艺；神华集团炼焦煤选煤厂采用三（两）产品有（无）压重介旋流器和产品，部分选煤厂采用跳汰或重介初选。神华集团的选煤厂为煤炭产品质量实现“稳定化、均质化、优质化”和“零杂物”发挥了重要作用，减少矸石等无效运输，提高煤炭的能源利用效率，为减少CO_2排放作出突出贡献。

在煤炭配送方面，神华集团实现了4个层次的配煤：一是在煤矿实现不同煤质工作面的配采，从源头保证煤炭产品质量；二是在产品装车时分品种配装，满足客户质量要求；三是在港口转运过程中，不同煤种配煤装船，改善煤炭产品性质，提高煤炭利用效率；四是深入研究煤炭性质，指导用户“配烧”神华煤，实现神华集团和用户两个效益最大化，巩固神华煤炭产品市场。目前，通过洗选和配煤等加工处理，神华集团在市场销售的煤炭品种有逾100个，满足各种用户对煤炭产品质量的要求，推动了全国煤炭能源利用效率的最大化，为减少煤炭利用过程中污染物的排放作出贡献。

4 建立煤质管理信息化系统，增强适应市场变化的能力

煤炭是国内最大的散装货物，在其生产、运输和销售链条中任何一个环节出

现问题，都会影响煤炭产品质量。为了实现煤炭质量的一体化管理，在“两个贴近原则”（生产贴近市场、市场贴近生产）的指引下，神华集团依托现代信息化技术，建立了覆盖全公司煤炭生产和销售系统的煤质信息网络体系，该体系包括各煤矿、选煤厂、化验室和销售公司等单位，内容包括煤质预测预报、煤炭产品质量、数量和用户对煤炭质量的要求等。多年的生产实践表明，煤质信息网络体系是集团公司煤质管理工作的基础，使煤质信息在各公司、各部门之间实现了快速传递，增强了各部门工作的协调性和互补性，提高了煤质管理工作效率，推动了煤质管理工作的制度化和标准化管理，使精益化管理方式得到了贯彻执行，煤炭生产与销售部门共同面对市场，生产绿色环保产品、用户需要的产品和效益最大化产品，从本质上提高了神华集团煤炭产品的市场竞争。

5 结论

经过多年建设，依托神华集团特有的“矿路港电油”一体化优势，在矿区建成了世界一流的煤炭全入洗和部分洗选系统，保证生产煤炭产品质量，同时依托铁路和洗选加工优势，建立了信息化管理的外购煤系统，控制收购煤的质量和数量，与港口的精确配煤系统相结合，从本质上提高了神华煤炭产品的市场竞争力。

随着神华集团现代化煤炭生产体系的建立和以信息化为基础的煤质管理体系的逐步完善，为神华集团质量效益型企业建设过程中产品质量的稳定提高奠定了坚实基础，赢得了国内外广大用户的信任，为神华煤品牌增添了光彩。

同时，神华集团加快数字矿山的建设，优化选煤工艺，进一步提高煤质的管控水平，加快质量效益型企业建设，提高神华煤炭产品的市场竞争力，为建设具有国际竞争力的以煤炭为基础的世界一流综合能源企业作出更大的贡献。

参考文献

[1] 张淑萍. 加强质量管控提升品牌价值[J]. 陕西煤炭，2012, 31（3）: 115, 127-128.

[2] 马惠. 保优创品牌 提质增效益——神东煤炭产品质量控制实践探索[J]. 中国煤炭工业，2010（10）: 27.

[3] 何维军，戴才胜，陈光. 煤炭质量控制问题的研究[J]. 中国煤炭，1999（6）: 27-29.

1-7
发展绿色选煤　建设绿色矿山*

摘要：神华集团坚持发展绿色选煤，可洗选煤，入选率达到100%，产品实现了分级分质销售利用；以资源合理利用、节能减排和保护生态环境为主要目标，以资源利用高效化、开采方式科学化、生产工艺环保化、矿山环境生态化为基本要求，将绿色环保理念贯穿于洗选加工、煤炭生产全过程，煤炭回采率大于85%，实现了矿井水、矸石、煤泥和瓦斯的综合利用，推动了绿色矿山建设发展，为我国煤炭工业健康可持续发展作出贡献。

关键词：选煤；绿色；矿山

神华集团公司坚持发展绿色选煤，以资源合理利用、节能减排和保护生态环境为主要目标，以资源利用高效化、开采方式科学化、生产工艺环保化、矿山环境生态化为基本要求，将绿色环保理念贯穿于洗选加工利用、煤炭生产全过程，发展循环经济，转变单纯以消耗资源、破坏生态环境为代价的煤炭开发利用方式，提高煤炭资源综合利用率，保护生态环境，建设绿色矿山。

1　以资源高效利用为目标，发展洗选加工，资源利用高效化

资源利用高效化，就是在煤炭开采、洗选加工过程中最大限度减少资源的损耗，并提高资源的品质，为提高能源利用效率奠定基础。

1.1　提高精煤回收率

选煤是将煤炭产品按煤炭质量进行分级的过程，将最合适的产品，送给最需

---

* 本文发表在2014年中国煤炭加工利用协会举办的“中国选煤发展论坛”上，作者还有崔高恩、王少磊、薛二龙。

要的用户，如果选煤过程效率低，则精煤产率低，矸石中带煤多，因此，必须科学选择选煤工艺，最大限度提高选煤效率，降低洗选过程煤炭损耗。

神华集团44个选煤厂中，新建选煤厂均选用洗选效率高的重介洗选工艺，少数易选煤，采用跳汰工艺，精煤回收率高。2013年，神华集团洗选加工原煤超过3.8亿t，除集团生产的不能洗选的褐煤外，其他煤炭产品全部进入洗选厂加工后，再销售给用户。

1.2 降低煤泥产率

在煤炭洗选过程中，不可避免产生大量煤泥，由于煤泥热值低，难以销售和利用。在降低煤泥产率方面主要采取以下措施：一是在洗选过程中，严格控制煤炭入水洗选量，根据原煤含矸量进行洗选，确保煤炭洗选后质量大幅度提升，提高洗选的经济效益；二是积极推广先进的干法深度筛分技术，最大限度减少细粉的入洗量；三是在煤炭生产系统减少煤炭的过度粉碎，例如选用先进的分级破碎机，减少煤炭运输转运次数，减少煤炭过度粉碎，减少煤泥量。

1.3 大力降低水耗、电耗和介耗，降低洗选成本

选煤过程的损耗主要是水耗、电耗和介质消耗等三项。可优化选煤厂运行，优化选煤厂设备启停顺序，减少设备空转，加强选煤厂运行管理，降低水耗、电耗和介质消耗，加强设备检修，避免设备非计划停车，降低洗选成本。

就近大量利用矿井水，实现地面水资源“零”消耗，洗选过程污水零排放。

优先利用坑口瓦斯发电或矸石电厂发电，减少电耗，降低选煤用电成本。

2 以安全高效为基础，综合开发煤炭资源，开采方式科学化

开采方式科学化，主要体现在安全开采、保水开采、充填开采、煤与瓦斯（煤层气）共采、生态重建等方面的研究与应用。

2.1 提高煤炭资源回采率实现可持续发展

绿色开采主要体现在高回采率和洁净生产等方面。目前全世界煤炭资源可开采年限为112年，而我国只有33年，因此，提高回采率，延长矿井服务年限，对我国煤炭具有特殊的重要意义。

为了提高回采率，需要做到以下四点：一是坚持根据煤层工作面地质条件，配置采矿设备，布置工作面，保德矿已成功应用两柱综采放顶煤技术，补连塔矿先后应用了6.3m和7m大采高综采工作，榆家梁矿应用了自动化薄煤层工作面等，既保证了资源回采率，又减少了矸石的采出量，减少了矸石对地面环境的影响；二是井下生产系统优化，减少和合并井筒功能，简化开拓系统，增加新井筒，改善运输、行人和通过条件，矿井的大巷均沿煤层布置，布置在井田中部，有利于采用大巷两侧条带式布置综采工作面，减少了采区煤柱数量，提高了资源回收率；三是采用沿空留巷、沿空送巷等技术实现了无煤柱开采，减少了煤柱损失，提高煤炭资源回收率；四是采用充填开采技术，充分利用井下煤炭生产过程中产生的矸石，进行井下采空区和废旧巷道的充填，减少矸石升井量对地面环境的影响，同时提高资源回采率。

此外，针对矸石污染，改变巷道布置，辅助运输应用无轨胶轮车，令巷道避开岩层，从源头减少矸石产生。2013年，集团生产矿井平均回采率超过85%，居于国内领先水平。

2.2 保水开采技术

保水采煤，一是合理选择开采区域；二是合理留设防水安全煤柱，保证了松散层地下水不向矿井发生大量渗漏，建立集中供水水源地的技术方案，减少沙层水含水层向矿坑垂直渗入量；三是采取合理的采煤方法和工程措施，对于煤层埋藏浅的区域，应推广充填开采技术和限高开采方法；四是因地制宜，建设地下储水及调配系统，使矿井内水资源得到合理利用，如神东地下储水量达到2700万t，确保采空区地下水水位的基本稳定，以保护生态系统。

2.3 煤与瓦斯共采技术

瓦斯一直是制约我国煤矿安全生产的重大难题。长期以来，高瓦斯及突出矿井采用的是排放、抽放措施，不仅浪费了在瓦斯中占主要成分的甲烷气体（一种清洁、高效的能源），而且由于甲烷的温室效应是二氧化碳的20多倍，从而对大气环境造成严重污染。因此，能够将瓦斯视为宝贵资源进行有效利用，而又避免瓦斯爆炸等事故发生的煤与瓦斯共采技术，是当前重要的绿色开采技术之一。

结合多年的煤矿生产经验，集团实施了煤、水与瓦斯共同作为资源，进行综合开采利用的方案，并通过具有不同特点保水开采、瓦斯抽采方法组成的综合开采体系，实现了煤炭、水和瓦斯资源的高效采出和利用，从而真正实现煤、水与瓦斯共采，更高效地采出和利用煤、水与瓦斯资源等固液气三相资源，为煤、水和瓦斯的高效综合利用奠定基础。

3　以现代化装备为手段，发展循环经济，生产工艺环保化

生产工艺环保化，就是将环保理念渗透到煤炭生产、加工、转化的全过程，实现煤炭生产效率和利用效率的最大化，并保护生态环境。

3.1　建设以选煤厂为中心的循环综合加工利用基地

未来神华的选煤厂，不仅进行选煤加工，而且要成为神华井下产出的固体、液体和气体产品的综合加工利用基地，也就是发挥神华集团一体化运营管控优势，将从煤矿生产出来的全部气液固产品，按经济效益最大化和能源资源利用效率最大化原则，进行综合加工利用，形成循环利用模式，实现资源利用的高效化。

从煤矿中生产出来的固体产品（煤矿和矸石）在选煤厂进行分选，有利用价值的矸石在坑口就地发电；对于液体产品，矿井水在选煤厂水处理中进行净化加工处理，一部分用于选煤厂，一部分作为商品外送；井下生产的气体产品，如抽排的瓦斯、地热，用于发电或供热等综合利用，首先在选煤循环综合加工基地利用，多余的电力或余热外送，为煤炭产品的分级、分质利用、提高矿井资源利用率奠定基础。

通过建设以选煤为核心的循环综合加工利用基地，推动煤炭生产与选煤加工一体化运行，高效利用矿井生产的各种资源，为用户生产加工最需要的产品，提高资源利用效率，保护生态环境。

3.2 推进洗选产品的深加工

目前，集团拥有选煤厂44个，洗选产生的各种产品分质分级销售利用，洗选产生的矸石和煤泥就地转化利用，发展以煤矸石、煤泥为原料的电力产业，先后建成多家矸石发电的综合利用热电厂，装机容量约8000MW，在自备自用的同时，实现了集中供暖和余热多方利用，改善了矿区环境质量，减少矸石的无效运输和能源浪费，集团正在筹备建设600MW的大型煤泥电厂，减少煤泥往外运商品煤中的掺入量，提高外运商品煤质量，提高煤炭能源的利用率。

利用粉煤灰、煤矸石发展新型建材业，从粉煤灰和矸石中回收氧化铝等高附加值产品。此外，煤矸石、粉煤灰用作配制水泥熟料的原材料。

3.3 推进矿井水综合利用

充分利用矿井水，通过实施保水开采技术，因地制宜，继续完善设计，建设矿井地下水库，通过矿井水井下处理技术，全部合理利用，降低了工程建设投资，减少了矿井水利用成本。

3.4 推广瓦斯发电技术

用井下抽放的瓦斯发电。目前，瓦斯发电已成为集团高瓦斯矿井瓦斯开发利用的首选。

宁煤集团年利用瓦斯4000万m^3、发电9000万kWh。目前石嘴山金能公司、汝箕沟煤矿、乌兰煤矿三个高瓦斯煤矿实现瓦斯发电，温室气体减排相当于110万t等值二氧化碳。

乌海能源瓦斯发电总装机容量为7000kW，2013年上半年，瓦斯发电1736万kWh，比去年同期增加847万kWh。

4 以保护环境为责任，高标准治理，矿山环境生态化

为最大限度减少煤炭开采、加工对环境的扰动，采取边开采、边利用、边治理的措施，实现矿山环境生态化。

4.1 高效复垦还地实现“采矿无痕”

神华绿色开采体现采矿过程对环境扰动小。在开采煤炭的同时，做到开采、回填、复垦同步实施，以最快的速度恢复土地的利用价值，实现“挖走一片煤，还回一片绿”，实现“采矿无痕”。

打造绿色矿区，形成“三位一体”新格局。近年来，从整体恢复和改善矿区生态环境出发，坚持开发与治理并重的原则，提出生态建设“三位一体”总体思路。“三位一体”即“三期、三圈、三基地”建设一起抓。

“三期”指采前构建预防性生态功能圈，增强区域生态功能，使其具有抗开采扰动的能力；采中创新生态保护性开采技术，减小采煤对地表生态环境的影响；采后进行生态修复与生态功能优化，构建永续利用的生态资源。

“三圈”是指“三圈一水”生态功能防护体系，是应对矿区脆弱生态环境自主探索出的一种生态建设模式。“三圈”即外围防护圈、周边常绿圈、中心美化圈。外围防护圈就是在矿井外围风沙区和水土流失区大面积开展网障固沙、林草绿化相结合的多层次防护体系，从根本上遏制风沙侵蚀与水土流失；周边常绿圈是通过采取水保措施和生物措施相结合的方法治理矿区周边山体，例如种植油松、沙棘等适生树种，建立周边常绿林景观；中心美化圈是对矿井工业区与生活区进行高标准的园林化建设，建成花园式工厂和优美的人居环境。“一水”是指利用矿井水，建立绿化灌溉系统，以此解决矿区生活用水和生产用水。加大水源地、河道水土流失防治力度。对公涅尔盖沟等风沙区水源采取河道束水归槽的生物措施，完成治理面积13300亩（1亩=666.67m^2）。对洪水灾害大、水土流失严重的白敖包、红石圈渠、饮马泉、沙沟四条小流域进行了水土保持综合治理，共完成治理面积3925亩，其中红石圈水土保持小流域治理典型工程被水利部评为全国水土保持生态环境建设示范工程。公司还规划实施了乌兰木伦河大柳塔小区段的橡胶坝，既可以治理河道、蓄水灌溉，又为矿区广大员工提供了集游、赏、玩为一体的水景。

“三基地”主要建立沙棘基地、微生物复垦试验示范基地和野樱桃基地。

截至2012年底，在神东矿区实现绿化面积202km^2，使矿区的植被覆盖率由开发时的11%提高到现在的80%，远远高于当地植被覆盖率，实现了采矿无痕，促进了矿区生态环境恢复发展，并改善了当地生态环境，成为西部生态环境改善的典范。

4.2 严格治理废水

循环利用废水资源。工业场地废水主要产生于洗选过程，洗选后的含泥废水经浓密机浓缩后，返回洗选车间利用。目前神东矿区洗煤厂全部采用煤泥水闭路循环技术，每年回收煤泥6.48万t，节约清水48.6万m^3。仅神东矿区已经建成了32座污水处理厂，总设计处理能力155000t/a，实际处理污水137500t/a，且所有外排水水质指标均达到国家排放和复用标准，用于地面工业生产、绿化灌溉及景观用水。目前公司共建成年利用中水425万t的生态灌溉管网，既复用了污水，又解决了干旱区造林缺水的难题。据测算，全矿区每天复用水量13580m^3，每年节约自来水用量495万m^3。

4.3 高标准治理粉尘

在井工煤矿，在综采工作面安设了防尘网，包括支架防尘帘，回风防尘卷帘和回风防尘纱窗，并在各进回风巷道安设了两道全断面防尘水幕，同时在各掘进工作面30m内各安设两道防尘水幕，对大巷喷雾进行升级改造，在巷道冲洗工作上，定期组织人员对巷道进行冲洗，综放工作面的煤层注水，各条巷道无明显粉尘堆积。

在露天煤矿，加快技术引进，采用先进的设备，对矿山运输道路实行雾化喷淋洒水，实施抑尘剂进行道路抑尘，引进环保除尘抑尘喷雾机，重点治理爆破烟尘和电铲装车粉尘，改善了生产一线的作业环境。

针对煤炭运输过程中煤尘污染，采用全面封闭运输，真正实现“产煤不见煤”，开发出煤炭外运车厢封尘剂等技术，做到了外运煤炭煤尘不飞扬，实现了煤炭生产、运输全过程环保。

5 结论

建设资源综合开发煤矿，发展绿色选煤，实现煤矿和选煤厂一体化运行，形成以煤矿资源高效综合开发为基础，以选煤为核心的循环综合加工利用基地，推动煤炭分级、分质高效利用，实现多产品、多品种销售，提高煤炭资源综合回采率和利用率，支撑电力、煤化工等行业高效转化利用煤炭，提高煤炭能源利用效率，减少煤炭开发和利用过程中的污染物排放，实现煤炭资源开发的经济效益、生态效益和社会效益统一，推动绿色发展，为我国煤炭工业健康可持续发展作出贡献。

1-8

神华集团动力煤选煤厂煤泥减量化实践与发展*

摘要：动力煤是我国产量最大的煤炭产品，其质量对我国大气环境有重要影响。作为世界最大的煤炭公司，神华高度重视动力煤产品质量，为了提高动力煤产品质量和动力煤选煤效率，从2008年开始，神华以动力煤选煤厂煤泥减量化为目标，开展了动力煤选煤工艺研究，首创了包头李家壕高效动力煤选煤工艺模式——高效弛张筛6mm筛分直接浅槽入洗选煤工艺，引领了我国动力煤选煤技术进步，目前，神华正在研究开发干法选煤技术，进一步减少动力煤选煤厂煤泥量，提高动力煤选煤效率。

关键词：煤泥减量化；弛张筛；动力煤；选煤

煤炭产业是神华的立业之本、利润之源、发展之基。神华利用国内外先进技术和装备，建设了现代化的煤炭生产、洗选加工、运输系统，实现了煤炭生产、运输过程中产品不落地，保证煤炭产品质量“稳定化、均质化、优质化”，最大限度地满足用户质量要求，实现节能减排，治理雾霾，保护我国生态环境。

神华所有煤矿均配套建设了选煤厂（不包括褐煤），对煤炭产品进行洗选加工，减少煤中矸石等杂质的含量，利用神华的铁路、港口运输系统，将产品运到用户，保证煤炭产品质量，符合用户的质量要求，提高用户的能源利用效率，并减少污染物排放，实现效益最大化。2007 年，神华在对选煤厂运行监测中发现，部分选煤厂由于原煤中矸石泥化严重，在洗选过程中产生大量煤泥，而且随着煤炭入洗比例的增加，尤其是末煤入洗量的增加，煤泥量快速增加，导致商品煤水分增加。虽然原煤洗选过程中，排出部分矸石，但由于水分的大量增加，造成洗选后商品煤发热量提升有限。甚至，有时造成商品煤发热量低于原煤的现象。分析其主要原因，是在洗选过程中，煤泥大量产生，尤其是粉煤入洗，造成洗选煤泥量急剧增加，降低了商品煤发热量。如果煤泥增加带来的商品煤发热量降低，超过了排矸量增加带来的发热量提升，则造成洗选后煤炭发热量低于原煤的发热量，使动力煤选煤厂成为无效动力煤选煤厂。因此，若要提高动力煤选煤厂洗选

---

* 本文发表于《神华科技》2017年第10期，作者还有赵永峰、崔高恩。相关研究成果获得中国煤炭工业协会科学技术一等奖和二等奖。

效率，应努力减少煤泥量。从2008 年开始，神华围绕动力煤选煤厂煤泥减量化，提高动力煤选煤厂效率，做了大量探索性工作，开展煤炭产品结构优化工作，优化选煤厂运行，要求神华选煤厂根据原煤质量和用户需求，进行选煤，提高选煤效率，减少煤泥量。2010 年，神华委托中国煤炭加工利用协会承担《低煤泥产量重介质选煤工艺研究》项目，对各种选煤工艺的煤泥产量及影响因素进行了深入研究，明确了煤泥减量化目标和动力煤选煤工艺的发展方向。

1 神华煤泥减量化途径探索

煤泥是煤粉含水形成的混合物，是煤炭洗选加工过程中的一种产品，根据原煤品种的不同和煤泥形成机理的不同，煤泥性质差别大，其特点是灰分、水分含量高，发热量远远低于同品种商品煤。

一般在煤炭洗选加工过程中产生的煤泥，分为原生煤泥和次生煤泥两种。

原生煤泥是原煤中含有的细煤粒，在洗选过程中遇水，形成煤泥；次生煤泥是在煤炭输送和洗选过程中，由于煤颗粒摩擦、碰撞而产生的细煤粉，这些细煤粉遇水后形成煤泥，或矸石遇水泥化产生煤泥。如果要减少煤炭洗选过程产生的煤泥量，一是减少煤中细煤粉进入水中，同时，避免易泥化矸石遇水。二是减少煤炭洗选过程中，煤炭颗粒的摩擦和碰撞，产生新的细煤粉[1]。

减少原生煤泥量，就是减少原煤中细煤粉进入水中，就要采用高效干法筛分设备，将煤中易产生煤泥的细煤粉尽量筛分出去。近年来，神华下属各选煤厂试验研究了国内外各种弛张筛、博后筛、棒条筛等筛分设备，降低洗选下限，增加原煤入洗量，并减少煤泥量，积累了大量生产性试验数据，为选用高效干法筛分设备奠定了基础。

减少次生煤泥量，就是采用产生煤泥少的洗选工艺和设备，要优先选用重介浅槽和跳汰等选煤工艺，减少洗选过程中，煤颗粒碰撞摩擦而产生的次生煤泥量[2]。

2 神华煤泥减量化实践

随着神华集团煤炭开采深度的增加，采场条件变差，仅仅依靠块煤部分入洗，难以保证煤炭产品质量。因此，神华集团建设末煤洗选系统，即块煤采用重介浅槽，末煤采用旋流器，实现了煤炭全粒级入洗。但由于末煤洗选过程中煤泥大量增加，煤泥产率在10%以上，个别泥化严重煤种，煤泥产率在15%以上，使选煤厂洗选效率大幅度降低。因此，减少煤泥量成为提高动力煤洗选的关键。

为了推动神华动力煤选煤厂煤泥减量化，2013年3月，神华下发《关于论证动力煤末煤洗选工艺方案的通知》，组织各选煤厂研究论证神华选煤厂应用弛张筛的可能性，减少洗选过程中煤泥产量[3]，为神华动力煤选煤厂实现煤泥减量化进一步明确了方向。

神华共有10个煤炭公司，其中包头矿业公司、宁煤集团、准能集团和神东煤炭集团等，在煤泥减量化方面做了大量试验研究工作。尤其包头矿业公司试验研究应用德国高效弛张筛加重介浅槽工艺，效果最好，形成了包头李家壕动力煤选煤模式，在国内同类型动力煤选煤厂广泛推广应用。

国内外的实际应用表明，德国弛张筛是一种高效弛张筛[4]。2014年，包头李家壕选煤弛张筛改造项目成功投入运行，实现了高效弛张筛6mm深度筛分直接浅槽入洗[5]，经济效益显著，当年直接经济效益4600多万元，已开始在神华多家选煤厂推广应用。该项目由华宇工程公司设计，实现了一次设计、一次建设、一次成优，成为国内动力煤选煤厂的工艺典范。这种高效选煤工艺的成功开发，为神华转型发展、实施“定制化生产、个性化服务”生产服务模式、生产超清洁煤炭产品，奠定了基础。

在包头李家壕选煤工艺模式成功前，国内普遍采用的增加动力煤洗选量的工艺模式是13mm 或25mm干法筛分。13mm或25mm以上的块煤利用重介浅槽工艺洗选；13mm或25mm以下的块煤，用旋流器工艺洗选。工艺复杂，洗选过程中煤泥产量大。

包头李家壕选煤模式是6mm筛分，直接浅槽入洗，既增加了原煤入洗量，又简化了选煤工艺，大幅度减少了煤泥量。这种工艺模式成功的关键是高效干法筛分设备，这是德国高效弛张筛的特性，突破了国内外其他种类的筛分设备最低筛分下限13mm 的限制，充分发挥了重介浅槽的高效洗选性能，生产统计数据表明，平均每排1%矸石，洗选后商品煤发热量提升40 ～ 60kcal/kg，经济效益显著。包头李家壕选煤模式主要技术经济参数见表1，原煤和洗选精煤工业分析结果见表2。

表1　包头李家壕选煤模式主要技术经济参数

项目	德国高效弛张筛+重介浅槽洗选工艺
筛分效率/%	89 ～ 92（6mm）
处理能力/（t/h）	650

续表

项目	德国高效弛张筛+重介浅槽洗选工艺
功率/kW	45
年耗电量/×10^4kWh	24
精煤产率/%	40～50
混煤产率/%	30～40
煤泥产率/%	3～4
筛板寿命	6～8个月（厂方提供）
维护成本	年维护费用12万元左右（厂方）
筛面堵塞情况	不易堵塞
噪声	80dB
防尘效果	柔性防尘罩，防尘较好

表2　包头李家壕选煤厂原煤和洗选精煤主要工业分析

名称	全水M_t/%	灰分A_d/%	硫分$S_{t,ar}$/%	发热量$Q_{net,ar}$/(kcal/kg)
原煤	23.28	23.16	1.09	3894
洗选精煤	24.64	5.6	0.32	4916

从表1可以看出，高效弛张筛6mm筛分直接浅槽入洗，精煤产率超过混煤，煤泥量在3%～4%，远远低于同类型煤质采用旋流器的动力煤选煤厂煤泥量，极大地提高了选煤效率。从表2可以看出，洗选后，精煤发热量显著提升。

2014年，以包头矿业公司李家壕选煤厂高效弛张筛改造为基础的《特大型选煤厂深度分选工艺试验研究及应用》项目通过中国煤炭工业协会的鉴定，被鉴定为达到国际先进水平。2015年，该项目获得中国煤炭工业协会科技进步二等奖。神华在动力煤选煤厂煤泥减量化方面取得成绩，获得煤炭行业普遍认可，引领了我国动力煤选煤工艺技术进步。

2016年，在高效弛张筛6mm深度筛分直接浅槽入洗工艺成功的基础上，神华包头矿业公司又继续研究3mm干法筛分直接浅槽入洗工艺获得成功。和6mm干法筛分直接浅槽入洗工艺相比，精煤产率又提高了4%～6%，煤泥产率没有显著增加，经济效益显著，进一步提高了选煤厂运行的灵活性和适应市场的能力。

3　煤泥减量化发展趋势

虽然，神华研究探索煤泥减量化的途径及方法，提高选煤效率，提高商品煤发热量，取得显著成绩。但是，湿法选煤仍不可避免产生煤泥，即使高效的包头李家壕动力煤选煤工艺模式，也产生3%～4%的煤泥。如何进一步减少煤泥量，仍需要从煤炭生产管理及选煤工艺两方面进行深入研究。

（1）从煤炭生产、洗选加工过程综合考虑，最有效的煤泥减量化方法是在井下工作面，实施精细化开采，避免或严格控制矸石混入原煤中，开采的原煤直接破碎筛分后作为商品煤销售。这种采煤工艺不是梦想，随着人工采煤智能技术及采煤机器人技术的应用，这种采选一体化的精细开采工艺，完全有可能实现。

（2）如果煤炭需要洗选加工，应首先研究选择不产生煤泥的干法选煤工艺，简化选煤工艺，提高动力煤洗选效率。

（3）如果选择湿法选煤技术，也应首先选择块煤洗选工艺，如：浅槽重介工艺或跳汰洗选工艺。如果提高煤炭入洗率，应选用高效弛张筛等设备，降低煤炭洗选颗粒下限，增加入洗量，提高选煤效率。

由于动力煤选煤主要目标是提高发热量，不同于炼焦煤选煤的主要目标是降低灰分。因此，从煤泥减量化角度分析，干法选煤技术应是未来动力煤洗选加工的首选研究开发的选煤技术，这和炼焦煤选煤工艺技术有本质区别。在今后的动力煤煤泥减量化实践中，应重点研究开发干法选煤技术，进一步提高动力煤洗选效率。目前神华准能集团、新疆能源公司、宁煤集团和北电胜利公司，根据神华煤炭生产工艺和神华对设备可靠性、自动化、信息化和安全方面的要求，开始研究开发干法选煤技术。其中由神华新疆能源公司参加完成的干法重介选煤技术研究项目，获得2016 年煤炭工业科技进步一等奖。神华准能集团公司已正式立项研究智能干法选煤技术，在不久的将来，神华一定会在煤泥减量化方面，取得新突破和新进展。

4 结论

动力煤是我国产量最大的煤炭品种，其质量对我国大气环境有重要影响，如何高效地、低成本地加工动力煤，提升动力煤产品质量和品质，是我国动力煤洗选加工的重要课题。选煤是煤炭分级分质利用的重要环节，是煤炭清洁高效利用的基础，以减少动力煤洗选过程煤泥量为目标的动力煤选煤工艺研究，为动力煤选煤工艺发展指明了方向。神华在动力煤煤泥减量化方面进行了有益的探索，创造了包头李家壕高效动力煤选煤模式，首创了高效弛张筛6mm筛分直接浅槽入洗工艺，引领了我国动力煤选煤工艺技术进步。神华将继续推进煤泥减量化研究，提高动力煤选煤效率，降低选煤成本。在未来的煤炭定制化生产模式中，以煤质和用户需求为基础，对煤炭进行洗选提质加工，推进提质增效，提高煤炭质量和煤炭能源利用效率，减少煤炭利用过程中污染物排放，提高煤炭能源的清洁化水平，使煤炭成为有市场竞争力的清洁能源，引领煤炭行业转型发展，为建设美丽中国贡献“神华方案和智慧”。

参考文献

[1] 戴少康. 选煤工艺设计实用技术手册[M]. 北京：煤炭工业出版社，2010: 50-76.
[2] 欧泽深，张文军. 重介质选煤技术[M]. 北京：中国矿业大学出版社，2006: 15-77.
[3] 李韦岐，吴晓民. 弛张筛在宁东洗煤厂的实际应用[J]. 中国煤炭，2013(2): 77-80.
[4] 王建军，张建中，黄涛. 利威尔弛张筛在水煤浆气化中的使用总结[J]. 化肥工业，2002(5): 38-39.
[5] 班海俊，孙景阳，孙海洋. 利威尔弛张筛在神华李家壕选煤厂的应用[J].煤炭加工与综合利用，2016(3): 6-8.

1-9

神华集团煤炭全入洗节能减排效果分析与测算*

摘要：以神华集团煤质特点为基础，分析测算了煤炭全入洗提高煤炭质量后，减少无效运输和提高煤炭利用效率的节煤量，测算了神华集团煤炭全入洗后减排CO_2约7793万t/a，随着神华集团煤炭产量的增加及煤炭全入洗量的加大，神华集团每年减排CO_2量还将增加，神华集团煤炭全入洗将为实现我国向国际社会承诺的CO_2减排目标作出重要贡献。

关键词：神华集团；煤炭洗选；节能减排；CO_2；分析测算

1 神华集团煤质状况

神华集团煤炭产量大，2009年煤炭产量3.2亿t，销量突破3.6亿t，是世界最大的煤炭供应商。

神华集团煤炭品种多，煤炭性质差异大，目前生产动力煤、炼焦煤和无烟煤等多个品种。按国家煤炭分类标准，神华集团生产的动力煤为弱黏煤、不黏煤、长焰煤和褐煤等。产品热值3000～6200kcal，根据煤炭性质和用户需求，可以划分为十几个品种，神华集团动力煤的煤质特点是[1]：

（1）化学反应活性高，燃点低，燃尽性能好。

（2）灰、硫、磷等杂质含量低，属于环保型优质动力煤。

（3）灰熔点低、灰中钙含量较高，易结渣。

（4）长期储存易自燃。

近年来，神华煤的应用实践表明，利用好神华煤的煤质特点，可以给用户带来显著的经济效益和环保效益。

神华集团煤炭产品中超过90%为动力煤，原煤灰分含量8%～34%，在神华煤炭产量中，由于优质煤炭资源的减少，原煤生产中优质煤炭产品的比重越来越

* 本文发表于《神华科技》2010年第3期，作者还有杨汉宏。

少，产品灰分逐年增长。为了稳定提高煤炭产品质量，神华集团逐步开始实施煤炭全入洗工程，减少商品煤中灰分含量，减少无效运输量，提高煤炭利用效率，从而减少煤炭消耗量，实现CO_2减排。本文测算了神华集团煤炭全入洗提高煤炭质量后，由于减少无效运输和提高能源效率减排的CO_2量，神华集团按3亿t/a煤炭全入洗测算，每年减排CO_2约7793万t/a。随着神华集团煤炭产量的增加及煤炭全入洗量的加大，神华集团每年减排CO_2量还将增加，为实现我国向国际社会承诺的CO_2减排目标作出重要贡献。

2 神华集团洗选加工现状

到2009年底，神华集团现有选煤厂36个，总入选能力2.87亿t/a。其中，神东煤炭集团现有选煤厂12个，入选能力1.63亿t/a；准能公司现有选煤厂1个，入选能力2000万t/a；哈尔乌素公司现有选煤厂1个，入选能力2500万t/a；神宁集团现有选煤厂8个，入选能力5240万t/a；乌海能源公司现有选煤厂10个，入选能力2010万t/a；包头矿业公司现有选煤厂2个，入选能力330万t/a；新疆公司选煤厂1个，入选能力400万t/a。

在神华集团未来5年规划期内，将新建选煤厂17个，新增洗选加工能力1.82亿t/a。到2013年，全集团公司投入运行的选煤厂将达到57个，总入选能力超过5亿t/a。

3 洗选加工后煤质变化

为了提高商品煤质量，神华集团生产的原煤（不包括褐煤）全部经过洗选加工后，进入市场销售。神华集团依靠先进的选煤加工技术，克服了因煤层赋存条件变差，造成的原煤质量下降，保证了神华商品煤质量的稳定，满足用户的需求。

为了保障向社会提供的商品煤质量，神华集团建设的煤矿均配套建设了部分入洗的块煤洗选厂，生产的原煤经过部分（块煤）洗选加工处理后，在市场上销售的商品煤灰分降低3% ～ 10%。若煤炭全入洗改造完成后，不仅块煤入洗，而且粉煤也入洗，则进一步降低商品煤灰分，提高外运商品煤质量。

神华集团采用的选煤工艺以重介浅槽为主，用世界一流技术和设备，配合千万吨矿井建设，配套建设了千万吨选煤厂。目前，神华集团洗选加工能力为2.87亿t，实际年洗选加工量超过3亿t，神华集团对适合洗选的煤炭产品全部进行了洗选加工。

4　煤炭全入洗减排CO_2测算

4.1　减少无效运输节煤测算

煤炭洗选加工提高了外运商品煤热值，提高了运输效率，减少了无效运输。同时，提高了煤炭燃烧利用效率，节能效益显著。

按神华煤炭平均运距600km测算，原煤入洗量3亿t/a，煤炭全入洗平均排矸按8.61%测算，年减少运输矸石量2583万t，减少无效运输600×2583=154.9亿t·km。按每百万吨千米耗费5.6t标准煤计算[2]，则节约标准煤2766万t。

4.2　提高发电效率节煤测算

据专家测算，对于发电用煤，灰分每降低1个百分点，每度（1度=1kWh）电的标准煤耗可减少2 ～ 5g[3]，而且可使电厂制粉电耗降低、锅炉效率提高、排灰量减少，环境得到改善。神华煤炭经过洗选加工后用于发电，可降低煤耗17 ～ 43g/kWh，平均降低32g/kWh。

我国供电平均煤耗为356g/kWh[4]，发电煤耗降低32g/kWh，燃用神华精煤则节省煤炭8.9%，按神华集团每年向全社会提供3亿t洗精煤测算，减少煤炭消耗2670万t。

4.3　全入洗减排CO_2测算

神华集团3亿t煤炭经过全入洗处理后，测算节约煤炭合计4266万t，按烟煤排放CO_2/TJ计算[5]系数为87.410t，其中1TJ=1×10^{12}J，神华集团煤炭全入洗减排CO_2约7793万t。

5 全入洗经济效益分析

神华集团2008年组织对神东煤炭集团部分选煤厂改造进行了经济效益分析，分析结果如下：

（1）选煤厂改造完成后，减少矸石外运量约170万t，按外运煤炭利润100元/t计算，增加外运煤炭直接经济效益1.7亿元。

（2）稳定煤炭产品质量，减少煤质罚款。2007年和2006年相比，由于煤质指标下降，中国神华煤质奖款减少1.3亿元，神东煤炭分公司选煤厂技术改造完成后，将彻底扭转煤质连续下降的趋势，减少煤质罚款。

（3）由于选煤厂技术改造，提高煤炭产品热值，直接经济效益预计在3亿元以上。

以上三项合计，仅原神东煤炭集团部分选煤厂全入洗改造完成后，神华集团直接经济效益约6亿元。

上述经济效益测算是按2008年煤炭市场价格测算，没有考虑产品结构调整和煤炭价格上涨的经济效益。在市场经济中，煤炭价格总是在不断变化和调整中，随着全社会环保要求的提高，市场对洁净煤炭产品的需求量越来越大，高热值煤市场价格越来越高，洗选加工经济效益越来越好。因此，动力煤炭全入洗可显著提高商品煤的质量，提高了煤炭企业适应煤炭市场的能力，给煤炭企业带来巨大的经济效益。

6 结论

对煤炭进行全入洗加工不仅符合神华集团效益最大化的原则，而且，可以节约煤炭，减少CO_2的排放，为集团带来巨大的社会效益。初步测算，以神华煤炭入洗加工量达到3亿t/a为基础测算，煤炭实施全入洗后，则可以减少CO_2排放

7793万t/a左右，神华集团将为我国实现向国际社会承诺的CO_2减排目标，发展低碳经济作出重要贡献。

参考文献

[1] 刘增田．神华煤炭燃烧利用技术[M]．北京：煤炭出版社，2004.
[2] 铁道部统计中心．铁道部2008年铁道统计公报[R]．2009.
[3] 陈清如．中国洁净煤战略思考[J]．黑龙江科技学院学报，2004, 14 (5): 261-264.
[4] 中国电力联合会．2009年全国电力工业统计快报[R]．2010.
[5] 张建国，刘海燕，张建民，董路影．节能项目节能量与减排量计算及价值分析[J]．中国能源，2009 (5): 26-30.

1-10
干法选煤技术在“双碳”目标下大有作为*

摘要：面对“双碳”目标下煤炭质量的新要求，有必要重新认识干法选煤技术在选煤加工中的作用，充分发挥干法选煤技术在提质增效中的优势，提高煤炭发热量，助力燃煤发电企业用户提高煤炭能源利用效率，减少碳排放，同时要重视高H/C比煤种褐煤的加工利用，不仅要研究褐煤脱灰，而且要研究脱除褐煤的水分，提高褐煤的质量和能源利用效率，为褐煤利用实现减污降碳作出贡献。

关键词：双碳；干法选煤；褐煤

“双碳”目标对煤炭产业发展将产生重大影响，究竟产生什么样的影响？说法很多，观点很多，但有两点可以肯定：一是在工业发达国家及工业生产国家（如美国、德国和中国等国家），在可以预见的未来，煤炭产业不会消失，但生产消费总量会受到严格的控制，并进入煤炭生产消费量下降调整期；二是煤炭质量会有显著提升，助力煤炭企业用户在煤炭利用过程中实现节能减排，减少CO_2和污染物排放，为2060年前实现碳中和的目标作出贡献。在这种形势下，我们要对在“双碳”目标下选煤产业的发展，有三个重新认识：一是重新认识干法选煤技术在选煤加工中的作用；二是重新认识褐煤在动力煤中的地位；三是重新认识煤炭加工利用技术在煤炭提质增效中的作用，用“双碳”目标引领煤炭产业和选煤加工健康发展。

1 重新认识干法选煤技术在选煤加工中的作用

在中国煤炭加工利用协会举办的干法选煤战略研讨会上，国家科技进步二等奖获得者李功民董事长介绍唐山神州超级干选技术，可使煤炭热值提高700～800kcal/kg以上，这意味着干法选煤技术已取得跨越式发展。

---

* 本文发表于2021年10月中国煤炭加工利用协会在邢台举办的“双碳形势下选煤发展战略高端研讨会”上。

国家能源集团主要生产动力煤，生产煤矿主要集中在鄂尔多斯和神木地区，在鄂尔多斯和神木地区，煤炭洗选如果排矸率在20%以内，采用最先进的重介选煤工艺浅槽或旋流器，热值能提升400～500kcal就算好的。为什么？不是煤洗得不干净。如果用传统的选煤指标（如Ep值，矸中含煤率）来评价，重介选煤技术是先进选煤技术，可以说无可挑剔，但为什么热值提升有限，甚至部分煤矿的煤炭产品洗选加工后，精煤总体热值还要下降？主要是煤泥问题，大量煤泥回掺商品煤，虽然灰分降低了，但水分增加了，所以热值提升有限，部分煤矿若煤泥量大，超过15%，排矸低于10%，则商品煤总体热值还是下降的。对这样的加工洗选动力煤的选煤厂，选煤是没有意义的。因此，我们一直倡导煤泥减量化和有价矸石排放减量化，提高煤炭产品质量和资源利用率，在国内率先应用弛张筛改造湿法选煤技术，包括应用智能化选煤技术，精确控制选煤操作，主要目标是减少煤泥量，回收有价矸石。虽然取得了一些成绩，但对鄂尔多斯地区的选煤厂，还是有3%左右的煤泥产生，若洗选厂规模在 1000万t/a，则还产生30万t/a左右的煤泥，一般煤泥和同源商品煤价格差在200元/t左右，若减少煤泥，或不产生煤泥，则产生直接经济效益5000万～6000万元左右。煤泥减量化经济效益巨大，减少煤泥量已是许多动力煤选煤厂的工作目标之一。

什么选煤技术不产生煤泥？不用水的干法选煤技术。由于不产生煤泥，干法选煤技术可显著提高煤炭发热量。一般来说，发热量提升有助于提高发电效率，降低发电煤耗，电厂燃料煤每提升100kcal，发电煤耗可降低0.2～3.0g/kWh，因此，在动力煤领域，干法选煤技术的跨越式进步，使干法选煤成为动力煤洗选领域大有发展前途的技术。2020年，我们国家发电煤耗平均值在300～310g左右，发电煤耗最低水平在250～270g左右，其燃用的动力煤均在5000kcal以上，一般设计煤种是5500kcal/kg，校核煤种在5200kcal/kg左右。因此，要提高燃煤发电效率，降低发电煤耗，减少碳排放，实现节能减排，提高煤炭产品质量，也就是提高煤炭发热量，是目前最有效的推进煤炭清洁高效利用措施之一。因此，干法选煤技术在“双碳”目标下，在动力煤洗选领域必定大有作为。

目前，许多人对干法选煤方法在动力煤选煤领域的发展前景认识不清，主要原因是评价动力煤选煤厂运行性能的主要指标是洗选效率、分选可能偏差Ep值等，但这些指标只评价了动力煤选煤厂的脱灰能力，没有评价动力煤选煤厂提升煤炭产品发热量的能力。洗选后煤炭产品的发热量不仅与煤的灰分含量有关，而且和水分含量有关，尤其是泥化严重的煤炭，用湿法洗选则水分增加较多，使选后煤炭产品发热量下降。因此，动力煤选煤厂运行性能需要新的评价指标，评价动力煤选煤厂提升发热量的能力。从2015年开始对动力选煤厂运行数据进行统计分析，发现用1%排矸率商品煤发热量的提升值（简称排矸发热量提升值）可准确反映动力煤选煤厂的发热量提升能力，具体计算公式如下：

排矸发热量提升值=（选后煤炭产品发热量－原煤发热量）/选煤排矸率　（1）

在上述公式（1）中，分子发热量差值不仅和选煤降低的灰分有关，而且和选煤过程中混入商品煤中的水分有关，反映了选煤过程中，商品煤灰分和水分变化对煤炭产品发热量的影响；分母选煤排矸率与选煤厂脱灰能力有关，直接反映选煤厂排矸脱灰能力，经过长期统计分析验证，此值大于50kcal，则选煤厂提升发热量能力比较强。为了验证此指标的正确性，中国神华和中国煤炭加工利用协会合作正在深入研究此指标，用更多动力煤选煤厂的运行数据，验证此评价指标是否准确反映动力煤选煤厂的运行性能。

2　重新认识褐煤在动力煤中的地位

在“双碳”目标下，要重视褐煤的加工利用。“双碳”目标主要是减少CO_2的排放，按煤种划分，由于褐煤H/C比高，释放同样热量的情况下，褐煤排放CO_2最少。但褐煤煤质差、灰分含量高、发热量低，因此要重视褐煤的加工利用，提高褐煤品质，使其成为“双碳”目标下的优质动力煤资源。目前欧盟消耗的动力煤60%左右是褐煤，德国通过加工提高褐煤品质，发电煤耗可以降到280g/kWh左右，显著减少了煤炭利用的CO_2的排放，因此，在“双碳”目标下，褐煤是优质的动力煤资源，在今后煤矿建设中，要优先考虑建设褐煤煤矿。在这里要指出，“双碳”目标的实施并不意味着煤炭产业全部退出，只是促进碳减排技术的发展和应用，因此，我们要正确认识“双碳”目标，要加快发展煤炭清洁高效利用技术，减少煤炭利用过程中的碳排放，提高煤炭能源的清洁化水平，使煤炭产业健康发展，成为碳中和目标下的清洁能源，为确保国家能源安全和社会稳定作出贡献。

3　重新认识煤炭加工利用技术

在“双碳”目标下，煤炭加工技术不仅是洗选脱灰，而且要考虑脱水。要高效脱水，也就是利用余热对煤炭进行高效干燥脱水加工处理，另外要考虑CO_2的富集和封存。提高煤炭质量，提高能源利用效率，实现提质增效，就是从源头减少CO_2的产生和排放，从而减少需要封存的CO_2总量，降低CO_2封存费用，使配套CO_2封存技术的煤炭利用技术具有市场竞争力。此外，要重视煤炭热解技术的研发与应用，用这种技术可廉价制备富氢燃料，减少煤炭直接利用的碳排放，“双碳”目标将促进这种以煤为原料富氢燃料制备技术的开发与应用。

4 积极推进煤炭清洁高效利用技术进步

煤炭是最稳定、最可靠和最廉价的能源产品，但矸石、灰分和硫等杂质污染物含量高，在煤炭利用过程中释放大量污染物，环保性能差，但随着煤炭加工利用技术的进步，可弥补其在清洁环保方面的缺陷。近十几年煤炭清洁高效利用技术的进步，减少燃煤污染物排放，实现超低排放的历史已充分证明了这一点，因此，在可以预见的未来，实施“双碳”目标，绝不可能消灭煤炭产业，只能是推进煤炭生产、加工和利用技术的进步，也就是推进煤炭清洁高效利用的进步。这种进步是革命性的，以前说能源革命，一些人认为只是说说而已，那么在“双碳”目标下，面对严控和消减CO_2排放的目标，未来能源必须革命。对煤炭能源来讲，这种革命是全方位、全过程的。首先，煤炭清洁的目标从单一的减污，要向减污降碳转变，因此，煤炭的生产、加工、利用方式将会发生彻底变化，煤炭清洁高效利用将实现跨越式、革命性的进步，如各种充填开采技术将成为煤炭常规开采技术，在动力煤领域干法选煤将逐步取代湿法选煤，以煤炭为燃料或原料的电厂和化工厂等将配套CO_2捕集和封存技术，煤炭解热技术将大规模应用等。对此我们要有充分的思想准备，在“双碳”目标引领下，积极推进煤炭清洁高效利用技术革命，迎接煤炭生产和加工利用技术新时代的到来，提高煤炭能源的清洁水平，使之成为碳中和目标下的绿色低碳能源，持续为人类文明的发展作出贡献。

1-11

“双碳”目标下动力煤生产利用低碳化模式探讨*

摘要：在“双碳”目标下，国家逐步压减煤炭高碳能源减污降碳的新形势对煤炭产品质量、生产模式及煤炭清洁高效利用提出新要求，煤炭生产利用产业链不仅要减少污染物排放，而且要减少CO_2排放量，因此，清洁燃煤电厂厂用动力煤除了灰分、硫分等指标外，H/C原子比是评价动力煤性质的重要指标，由于褐煤等低变质程度煤H/C原子比高，在获得同样热量的情况下，CO_2排放量少，有助于燃煤电厂减少CO_2排放。初步测算，若燃烧褐煤达到天然气的CO_2排放水平，脱除42%的CO_2即可。在未来清洁燃煤电厂中，褐煤等低变质程度煤将是“双碳”目标下的优质动力煤，但由于褐煤水分含量高、发热量低的特性限制了其能源效率的提高，因此，应建设“利用电厂的余热对褐煤进行干燥脱水提质加工的煤电一体化”新模式，提高褐煤品质和发电效率，降低煤炭生产利用成本，为燃煤电厂实施CO_2捕集封存拓展足够的成本空间，使清洁燃煤电厂污染物和CO_2排放达到或低于天然气电厂水平，实现低碳化，充分发挥清洁煤电在“双碳”目标下的“兜底”和能源安全保障作用，使清洁煤电成为碳中和后我国清洁能源中不可缺少的组成部分。

关键词：“双碳”目标；碳中和；H/C原子比；褐煤；煤电

1 引言

我国力争2030年前实现碳达峰，2060年前实现碳中和，是党中央经过深思熟虑作出的重大决策，事关中华民族永续发展和构建人类命运共同体。中央财经委员会第九次会议指出，要构建清洁低碳安全高效的能源体系，控制化石能源总量，着力提高能源利用效率，实施可再生能源替代行动，深化电力体制改革，构建以新能源为主体的新型电力系统。截至2020年底，我国清洁能源发电装机规模增至

---

* 本文发表于《能源科技》2022年第1期，作者还有李全生、陈为高。

10.83亿kW，首次超过煤电装机，占总装机比重达到49.2%，建立起了多元能源供应体系[1]。

尽管如此，我国能源电力领域碳减排任务仍然较重。数据显示，能源燃烧是我国主要的CO_2排放源，占我国全部CO_2排放量的88%，电力行业排放约占能源行业排放的41%。发展可再生能源是推动能源转型的重要措施。可再生能源大规模、高比例、市场化发展，提高其在能源、电力消费中的比重，将使可再生能源在“十四五”时期成为我国一次能源消费增量的主体。但风力发电和光伏发电具有波动性，未来随着新能源快速发展，新型用能设备广泛应用，电力系统的供需平衡难度、安全稳定运行保障难度相应增大，所以须构建新型电力系统。

“双碳”目标将推动我国煤炭清洁高效生产和利用实现跨越式发展，以实现碳中和为目标，构建以新能源为主体的新型电力系统，需要多方面协同发力，在加快新型储能技术研发应用、提升电源侧多源协调优化运行能力、推动电力系统各环节全面数字化的同时，充分发挥清洁燃煤电厂灵活调节能力，研究完善清洁燃煤电厂主动深度调峰以及实施灵活性改造的技术方案，配套建设碳捕集和封存装置，着力提升清洁燃煤电厂效率，减少污染物和碳排放，推进清洁燃煤电厂减污降碳，建设符合碳中和要求的清洁燃煤电厂，充分发挥清洁燃煤电厂的能源安全“兜底”作用，这对清洁燃煤电厂用煤质量，即动力煤产品质量和生产利用模式提出了新的低碳化要求。

2 “双碳”目标下，清洁燃煤电厂的定位

2.1 清洁燃煤电厂将是“双碳”目标下新型电力系统的重要组成部分

面对“十四五”及更远未来，虽然新能源将高速发展，在未来能源结构中占据主导地位，但由于新能源发电的不稳定性和波动性，需要其它电源配合新能源的波动性来维持电网系统稳定，而新能源比例越高，则波动越大，其它调节电源需要做出的调整越大。此外，新能源的出力曲线经常与负荷曲线不匹配，极端情况下出现相悖的特点，新能源出力呈现“极热无风、极寒无光、晚峰无光”的特点，而极寒、极热和晚高峰需要电源加大出力，而新能源风光发电出力却顶不上，这就需要煤电等灵活电源进行调峰，保证电力供应的稳定性和安全性[2]。

在新能源高度发达的欧盟，煤电市场逐步缩小，但并没有完全退出能源市场，在电力调峰的灵活电源市场上占有重要位置。2019年欧盟消耗煤炭约5亿t，其中德国消耗煤炭约1.66亿t。因此，煤电在清洁方面虽不如新能源，但具有稳定性好、价格低廉的优势，在能源市场中将占有一席之地。

在“双碳”目标下，对燃煤电厂的要求是，不仅SO_2、NO_x、Hg和粉尘等污染物排放量要低，达到天然气电厂的排放水平，而且CO_2排放水平也要低，达到天然气电厂CO_2排放水平，成本与天然气电厂相当。在未来电力市场中，其市场大小关键取决于煤电的清洁生产成本，是否具有实施碳封存的成本空间，建成污染物和CO_2排放水平达到天然气电厂的清洁水平，并具有和天然气等调峰电厂竞争的经济性。因此，未来的清洁燃煤电厂发展方向是高效、智慧，并具有超低排放和CO_2捕集封存（CCS）能力的清洁燃煤电厂。

2.2 清洁燃煤电厂需配套建设CO_2捕集封存降碳装置

清洁燃煤电厂实现CO_2排放水平达到天然气电厂的清洁水平，就必须配套建设CO_2捕集封存等降碳装置。燃煤电厂CO_2捕集是指将CO_2从燃煤锅炉尾部烟道中通过物理或化学方法分离出来并浓缩聚集的过程。我国已有多家电力公司开展CO_2捕集和封存研究工作，结果表明，投资和运行费用昂贵是CO_2捕集的最大障碍，因此，降低投资费用和运行能耗是碳捕集封存技术的发展方向，目前电厂主要有3 种不同的CO_2捕集技术路线，即燃烧前脱碳、燃烧后脱碳以及富氧燃烧技术[3]。

中国华能集团公司高碑店热电厂项目是我国首个燃煤电厂CO_2捕集示范工程，由中国华能集团公司和西安热工研究院有限公司共同开发，该项目总投资约3000万元。自2008年投入运行以来，CO_2回收率大于85%，CO_2纯度达到99%，售给当地饮料生产厂家，高碑店电厂排放CO_2约400万t/a，日捕集量最大达12t，生产1t食品级CO_2的成本是400元。

中国华能集团公司上海石洞口第二热电厂2 台66万kW的国产超超临界机组，利用自主研发的燃烧后捕集技术年捕集CO_2约10万t，CO_2纯度高于99%，捕集装置于2009年投入运营，处理烟气量66000m^3/h，约占项目中机组额定工况总烟气量的4%，设计年生产食品级CO_2约10万t，每捕集1t CO_2 需消耗电量75kWh，碳捕集装置投资约1亿元。

中国电力投资集团公司重庆合川双槐电厂碳捕集项目，包括2座装机容量为300MW的机组，项目位于重庆市合川区双槐镇，始建于2008年9月，于2010年1月运行，年产工业级CO_2约1万t，该项目投资1235万元，碳捕集率高于95%，CO_2纯度高于99%，每捕集1t CO_2需消耗低压蒸汽3t、用电90kWh，初步测算双槐电厂生产液态CO_2成本约为400元/t，此费用没有考虑CO_2地质封存，一般认为地质封存费用是CO_2捕集费用的30%。

由于煤化工过程中为脱除酸性气体均配有低温甲醇洗装置，这种内嵌于生产工艺的碳捕集装置可以大大节省碳捕集封存成本，捕集成本比常规燃煤电厂低20%～50%。初步研究表明，对煤化工过程产生的CO_2进行碳捕集后封存至咸水层单位成本284.2元/t[4]。综上所述，燃煤电厂CO_2捕集封存费用在400～600元/t，目前国家能源集团、华润集团正在进行这方面的研究。2021年，国家能源集团在锦界电厂建成15万t/a CO_2捕集示范项目[5]，是我国规模最大的燃煤电厂燃烧后CO_2捕集示范项目。2019年，华润集团在海丰电厂建成碳捕集、利用和封存测试平台[6]。随着技术进步，未来CO_2捕集封存的成本还会进一步降低。以吨煤发电排放2.5t CO_2计算，如果CO_2脱除率按50%、发电煤耗按300g/kWh计算，则发电成本增加15～22分/kWh。

王枫等人测算，如果现有电厂配套CO_2捕集封存装置，则煤电上网电价从29.3分/kWh涨到42.5分/kWh，即可以持平[7]。目前，各地天然气上网电价普遍较高，如广东省发布的《关于调整我省天然气发电上网电价的通知》（粤发改价格〔2020〕284号）规定和上海市发布的《上海市发展和改革委员会关于本市开展气电价格联动调整有关事项的通知》（沪发改价管〔2021〕17号）等，天然气发电上网电价在40～80分/kWh，因此，与天然气电厂相比，国内配套CO_2捕集封存装置的清洁燃煤电厂具有一定的市场竞争力，在未来“双碳”目标下的清洁能源市场中将占有一席之地。

除了CO_2捕集封存技术外，将捕集的CO_2进行利用（CCUS）也是目前国内外重点研究的减少碳排放技术之一。目前，CO_2利用主要分为地质利用、化工利用和生物利用等领域[8]，地质利用主要用于驱油，增加油田的产量；化工利用主要是研究利用CO_2合成甲醇和三嗪醇等化工产品[9, 10]，这些研究均处于基础试验研究阶段，虽然这些研究取得令人鼓舞的进展，但何时能达到工业生产，为减少碳排放作出贡献还很难预测；生物利用主要是研究利用微藻等生物吸收转化CO_2。由于燃煤电厂排放CO_2数量巨大，依靠CO_2利用实现燃煤电厂碳减排目标很难实现，因此，目前碳减排的研究重点还是捕集和地质封存。2020年，美国运营的

38 个CO_2捕集封存与利用项目，CO_2捕集量超过3000万t，中国已投运或建设中的CO_2捕集封存与利用示范项目约为40 个，捕集能力300万t/a，多以石油、煤化工、电力行业小规模的捕集驱油示范为主，缺乏大规模的多种技术组合的全流程工业示范。

3 “双碳”目标下，清洁燃煤电厂对动力煤质量的新要求

3.1 H/C 原子比将是评价动力煤质量优劣的重要指标

降低燃煤电厂成本，首先要降低电厂用煤成本，根据新型燃煤电厂减污降碳的要求，提供电厂的动力煤燃料不仅要低硫、低灰，而且要低碳，降低电厂降碳的成本。

根据《火电厂大气污染物排放标准》（GB 13223—2003），要求传统燃煤电厂排放的SO_2、NO_x、Hg 和粉尘等污染物要低。为了严格控制燃煤电厂污染物排放，近年来，我国又实施了超低排放标准，进一步严控SO_2、NO_x和粉尘污染物排放，燃煤电厂3 类污染物的排放基本达到天然气电厂水平，在减少电厂污染物排放方面走在世界前列。燃煤电厂为了实现减污目标，对动力煤的质量要求是硫分、灰分含量低等，根据国家标准《商品煤质量评价与控制技术指南》（GB/T 31356—2014），硫分大于3%，灰分大于40%及有害元素含量高的商品煤禁止进入市场销售。但在“双碳”目标下，动力煤仅硫分、灰分及有害元素含量低是不够的，还要碳含量低，不仅满足燃煤电厂排放减污的要求，而且要符合“双碳”目标下的降碳要求，因此，清洁燃煤电厂对动力煤的质量要求是H/C原子比高，硫分、灰分含量低，H/C 原子比将是评价动力煤质量优劣的重要指标。

3.2 不同H/C 原子比煤种CO_2排放系数计算

根据国家煤炭分类标准，《中国煤炭分类》（GB 5751—86），我国将煤分为褐煤、烟煤和无烟煤3 大类，其中根据挥发分、氢含量、透光率和黏结指数等指标，将褐煤分为2 小类，烟煤分为12 小类，无烟煤分为3 小类。其中，褐煤H/C 原子比在0.8 ～ 1.1，烟煤的H/C原子比在0.5 ～ 0.9，无烟煤的H/C原子比在

0.1 ～ 0.5。在动力煤中[11]，对发热量的主要贡献是煤中的碳和氢，碳与氧燃烧放出的热量是96600kcal/mol，碳燃烧放出热量8050kcal/kg，氢与氧燃烧放出热量57700kcal/mol，氢燃烧放出热量28560kcal/kg，氢碳热量比是28560/96600=0.295，不同煤种及天然气CO_2排放系数见表1[12]。在表1中，褐煤的H/C原子比按0.95计算，则褐煤CO_2排放系数为1-0.95×0.295/（1+0.95×0.295）=0.781；烟煤H/C原子比按0.7计算，则烟煤CO_2排放系数为1-0.7×0.295/（1+0.7×0.295）=0.828；无烟煤H/C原子比按0.3计算，则无烟煤CO_2排放系数为1-0.3×0.295/（1+0.3×0.295）=0.918；天然气H/C原子比为4，天然气CO_2排放系数为1-4×0.295/（1+4×0.295）=0.459，因此，若燃烧褐煤达到天然气的CO_2排放水平，脱除42%的CO_2即可。

表1　不同煤种及天然气CO_2排放系数

名称	H/C原子比	CO_2排放系数
褐煤	0.95	0.781
烟煤	0.7	0.828
无烟煤	0.3	0.918
天然气	4	0.459

根据CO_2排放系数测算，取得同样的发热量，由于褐煤H/C 原子比高，比烟煤少排放5%的CO_2，比无烟煤少排放14%的CO_2。因此，在“双碳”目标下，褐煤是优质的动力煤，有助于减少燃煤电厂CO_2的排放。

4 “双碳”目标下，建设煤电一体化高质量发展新模式

4.1　煤电一体化生产模式特点

“双碳”目标下，清洁燃煤电厂对动力煤生产成本提出了新要求，要求降低煤炭生产成本，降低燃煤发电减污降碳成本，提高清洁煤电的市场竞争力。煤电一体化是低成本、高效率的煤炭生产利用模式，由于减少了煤炭存储转运等中间环节，具有运营效率高、能源利用效率高、产品质量和数量有保障等特点，是未来煤炭企业和火电企业的发展方向。

在国家煤炭工业发展“十三五”规划中，明确提出建设煤电一体化煤矿。因

此，面对新能源发展的竞争，动力煤企业应积极发展煤电一体化运行产业链，主动强化煤电一体化运营，煤矿和电厂相互依托，共享公用工程，采取从技术到管理的措施，生产出助力发电企业节能减排的廉价优质煤炭产品，推进煤电一体化，提高能源利用效率，减少煤炭生产和发电利用过程中的污染物排放，建设绿色高效煤电产业链，提高煤电绿色高效发展水平，降低煤电成本，为燃煤电厂实施CO_2捕集和封存拓展足够的成本空间，提高煤电在未来清洁能源市场中的竞争力，开拓在碳中和形势下，新的清洁煤电市场空间。

4.2 以煤电一体化模式为基础，利用电厂余热对褐煤进行干燥脱水

节能提效是目前最有效的减少碳排放措施。2020年，我国供电煤耗平均值在305.5g/kWh，我国部分百万超临界机组供电煤耗降至270g/kWh以下，2019年我国供电最低煤耗253g/kWh，因此，我国燃煤电厂节能提效减排CO_2潜力巨大，若我国供电煤耗从目前的305.5g/kWh，降至260g/kWh，则可以节省动力煤3.2亿t左右，直接减排CO_2约8亿t。最新研究成果表明，提高煤质稳定性，提高燃料煤发热量，均有利于降低供电煤耗。

与其它煤种相比，虽然褐煤具有H/C原子比高的优势，但褐煤普遍水含量比较高，发热量低。关于褐煤干燥提高能源利用效率，国内外已经开展了大量研究，研究主要集中在干燥原理和干燥方法，以及干燥后煤质特性、工业示范，成功的褐煤干燥技术是以煤电一体化为基础，利用电厂的余热对褐煤进行干燥脱水的提质加工技术。

德国利用热值为9.2MJ/kg的高水分褐煤，实现了运行大容量1000MW等级超临界机组的高效、节能电厂目标，年均供电煤耗降至292g/kWh，主要采用了利用电厂余热的褐煤干燥技术，大幅降低了褐煤发电煤耗。国内研究表明，利用电厂余热的高水分褐煤预干燥，可使超临界机组发电标准煤耗降至272g/kWh[13]。

美国大河能源公司煤克瑞克（Coal Creek）电厂是北达科他州最大的燃煤电厂[14]，发电装机容量1139MW，该电厂以褐煤为燃料，利用电厂余热对褐煤进行干燥，运行模式如图1所示。该电厂利用高压蒸汽驱动多级汽轮机发电，产生的部分低压蒸汽输送给乙醇厂和饲料厂，用于生产牛羊饲料和乙醇，利用电厂工艺系统烟气、循环水等余热干燥脱除褐煤中的水分，实现了电厂内能源梯级利用，全厂发电能源效率提高3%～4%，SO_2排放减少40%以上，汞排放减少40%以上，NO_x排放减少30%以上，CO_2排放减少4%。

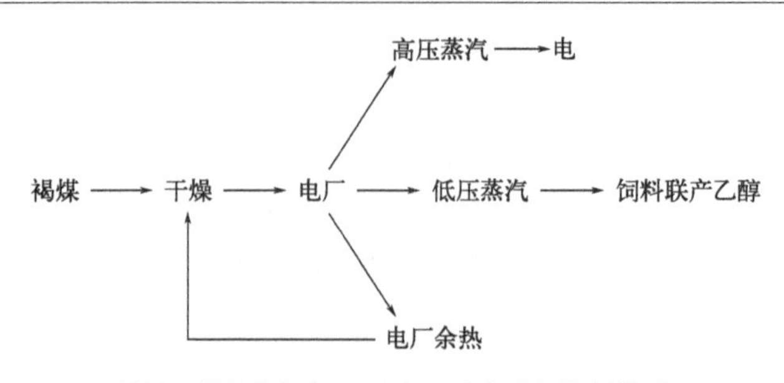

图1　煤克瑞克（Coal Creek）电厂运行模式

从2001年，大河能源公司煤克瑞克电厂在美国洁净煤计划支持下，研究利用电厂余热干燥褐煤，提高褐煤发热量，经过实验室基础研究和中试，2004年开始建设工业示范项目，建设与546MW发电机组配套的褐煤干燥示范装置，工业示范项目总投资2564万美元。其中，美国能源部资助1100 万美元，其余企业自筹，2009年，建成商业化利用电厂余热的褐煤干燥脱水装置，并投入运行，因此，从2009年开始，煤克瑞克（Coal Creek）燃煤电厂开始使用干燥脱水的提质褐煤。利用电厂余热干燥褐煤原理是：将含水量在35%～40%的褐煤粉碎到6mm以下，采用流化床干燥器干燥褐煤，电厂的余热取自电厂循环水和烟气，褐煤的干燥脱水温度控制在100～150℃，加热方式为间接加热和直接加热的混合加热，提高了传热效率，脱水率在10%，吨煤干燥脱水成本低于20元/t，和传统利用外加热源的煤炭干燥脱水技术相比，利用电厂余热进行褐煤干燥技术，具有明显的技术经济优势[15]。

由于采用电厂余热干燥褐煤，干燥温度低，在降低褐煤干燥成本的同时，减少了褐煤干燥过程中煤粉爆炸、着火的可能性，提高了褐煤干燥装置运行的安全性，由于将原电厂没有利用的余热回收，用于加热干燥褐煤，因此，显著提高电厂能源效率，并减少污染物排放。在流化床干燥器的设计中，考虑了粉煤流化过程中矸石和高灰煤的分离和脱除，因此，在干燥过程中，可以进一步降低煤中的矸石和高灰煤含量，减少了进入锅炉燃烧原料煤的灰分含量，既提高了锅炉效率，又减少了SO_2、NO_x和汞等污染物排放。自2009年，干燥示范装置投入运行以来，经过扩建，已形成干燥加工褐煤6.0Mt/a的能力，到2014 年，累计加工干燥褐煤逾30.0Mt，褐煤干燥装置运行稳定可靠，经济效益显著。同时，利用电厂低压蒸汽生产饲料和乙醇，显著降低了饲料和乙醇的生产成本，也获得了良好的经济效益，带动当地农牧业发展。

综上所述，褐煤等低变质程度煤埋藏浅，地质结构简单、生产成本低，在我国煤电一体化体系中，褐煤预干燥和脱灰技术与火力发电技术的结合，是一种高效、节能、低碳、低成本的燃煤发电系统，同时，也可以考虑利用电厂余热对褐煤等低变质煤种进行干馏加工，获得高H/C原子比的清洁燃料，弥补我国天然气短缺，减少碳排放，这种技术必将引领我国火电先进技术与煤炭先进技术的跨行业技术融合发展，建设在“双碳”目标下高效、节能、低碳的清洁燃煤发电系统，使清洁煤电成为我国清洁能源的一部分，为我国早日实现碳中和目标作出贡献。

5 结语

在“双碳”目标减污降碳理念引领下，清洁燃煤电厂对动力煤质量及生产模式的新要求是，在煤电一体化低成本生产模式下，不仅硫分、灰分等杂质含量要低，而且H/C原子比要高，H/C原子比是评价动力煤性质的重要指标。由于褐煤H/C原子比高，在释放同样热量的情况下，CO_2排放少，有助于燃煤电厂降低CO_2排放，初步测算，若燃烧褐煤达到天然气的CO_2排放水平，脱除42%的CO_2即可，因此，在未来清洁燃煤电厂中，褐煤等低变质程度煤将是“双碳”目标下的优质动力煤。

为建设高效清洁褐煤电厂，应充分发挥煤电一体化优势，利用电厂余热对褐煤进行干燥脱水和脱灰提质加工，提高电厂能源利用效率，降低褐煤等低变质程度煤生产利用成本，为清洁燃煤电厂实施CO_2捕集封存开拓足够的成本空间，使清洁燃煤电厂不仅在减污方面达到天然气电厂水平，而且在降碳方面也可以与天然气电厂竞争，实现动力煤生产利用低碳化，提高煤电产业在“双碳”目标下清洁能源市场中的竞争力，为“双碳”目标下煤炭产业生存发展开辟出新路径，使清洁煤电成为碳中和后我国清洁能源结构中不可缺少的组成部分。

参考文献

[1] 丁怡婷．打赢低碳转型硬仗[N]．人民日报，2021-04-02.
[2] 韩舒淋，徐沛宇．碳中和中国的雄心与软肋[J]．财经，2021 (2): 2.
[3] 郎世康，朱书全，李宇琦．中国动力煤应用现状及碳捕集与封存展望[J]．洁净煤技术，2014，20(5):

66-69.

[4] 徐文佳，云箭，成行健. 煤制油气和化工产品CO_2的不同减排方式成本分析[J]. 煤化工，2016，44 (1): 11-14.

[5] 陈静仁. 国华锦界电厂碳捕集示范工程一次受电成功[N]. 榆林日报，2021-01-23.

[6] 华润电力（海丰）有限公司. 华润电力（海丰）有限公司碳捕集测试平台项目[N]. 中国能源报，2020-09-25.

[7] 王枫，朱大宏，鞠付栋，等. 660 MW 燃煤机组百万吨CO_2捕集系统技术经济分析[J]. 洁净煤技术，2016, 22 (6): 101-105, 39.

[8] 蔡博峰，李琦，张贤，等. 中国二氧化碳捕集利用与封存（CCUS）年度报告（2021）[R]. 生态环境部规划院，中国科学院武汉岩土力学研究所，中国21 世纪议程管理中心，2021.

[9] 房鑫，车帅，王键，等. CO_2利用技术研究进展及钢铁行业的机遇和挑战[J]. 冶金能源，2017, 36 (S2): 105-107.

[10] 朱维群，王倩，郭宇恒. 我国化石能源固碳利用新途径探索及研究[J]. 中国煤炭，2021, 47 (2): 66-69.

[11] 上海化工学院. 煤化学和煤焦油化学[M]. 上海：上海人民出版社，1976.

[12] 陈鹏. 中国煤炭性质、分类和利用[J]. 燃料化学学报，2002 (3): 233.

[13] 郭晓克，肖峰，严俊杰，等. 高效褐煤发电系统研究[J]. 中国电机工程学报，2011，31 (26): 23-31.

[14] 张文辉，Bullinger C. 美国大河能源公司煤克瑞克电厂模式[J]. 洁净煤技术，2015, 21 (6): 101-104.

[15] Edward K L, Nenad S, Harun B, et al. Use of coal drying to reduce water consumed in pulverized coal power plants (final report)[R], Energy Research Center, Lehigh University, DOE Award Number DE-FC26-03NT41729, 2006.

1-12

加快动力煤企业转型发展　积极应对碳中和愿景下煤炭能源市场新变化*

摘要：在国家明确“碳达峰、碳中和”目标，加快发展新能源，逐步压减煤炭高碳能源的形势下，动力煤企业应坚决贯彻习近平主席提出的“四个革命，一个合作”的能源战略思想，转变发展理念，加快转型发展，推进煤炭定制化生产，推进动力煤从燃料市场向燃料与原料市场并举转变，推进动力煤企业向绿色高效发展方式转变，在做好安全生产的基础上，强化煤炭生产全过程环保管理，生产助力用户节能减排的高质量煤炭产品，在现有矿井机械化的基础上，根据地质条件，利用先进的自动化技术、信息化技术和智能化技术等，对现有煤炭生产矿井和洗选系统进行改造和升级，提高绿色发展水平，提高煤炭生产效率，提高安全水平，建设绿色高效的煤电一体化模式，降低煤炭生产成本，为燃煤电厂实施CO_2捕集和封存开拓足够的成本空间，提高煤电产业链在未来清洁能源市场中的竞争力。

关键词：碳中和；动力煤；新能源；市场

1　前言

2021年是“十四五”开局之年，在中国的新能源产业迎来了前所未有的发展空间的同时，煤炭企业，尤其是动力煤企业，将面临严峻的市场形势。习近平主席在2020年9月和12月两次表态，定下了中国二氧化碳排放2030年前达到峰值，2060年前实现碳中和，以及2030年非化石能源占一次能源消费比重达到25%，风电、太阳能发电装机达到12亿kW以上的新目标[1]。

当前，气候变化已是国际政治的核心议题，这是《巴黎协定》签订五年之后，中国首次承诺提高自主贡献力度。对中国而言，改变以煤炭为主的高碳能源、电

*　本文发表于中国煤炭工业协会2021年6月在徐州举办的“全国煤炭行业老矿区转型发展研讨会”，收录于由中国矿业大学出版社出版的论文集《煤炭企业转型发展研究与探索》，作者还有陈为高。

力结构，转向清洁能源为主的低碳能源结构，是大势所趋和必由之路（图1）。煤炭作为能源的动力煤市场在“碳达峰”后将逐渐萎缩，煤炭企业如何生存发展将是煤炭企业未来主要考虑的问题，尤其是动力煤企业，要重视我国能源结构的变化，积极主动适应我国能源市场低碳能源结构变化新形势，加速动力煤企业转型发展，在低碳能源发展新形势下，开拓动力煤企业新的生存发展空间。

在国家加快发展新能源，压减煤炭等高碳能源生产规模的形势下，国内动力煤企业转型发展任务繁重。因此，动力煤企业必须贯彻习近平主席提出的“四个革命，一个合作”的能源战略思想，转变发展理念，推进煤炭定制化生产，转变煤炭市场，推进动力煤从燃料市场向燃料和原料市场并举转变，转变发展方式，推进动力煤生产向绿色高效发展方式转变，积极主动适应低碳能源发展新形势，开拓新的动力煤企业市场生存发展空间。

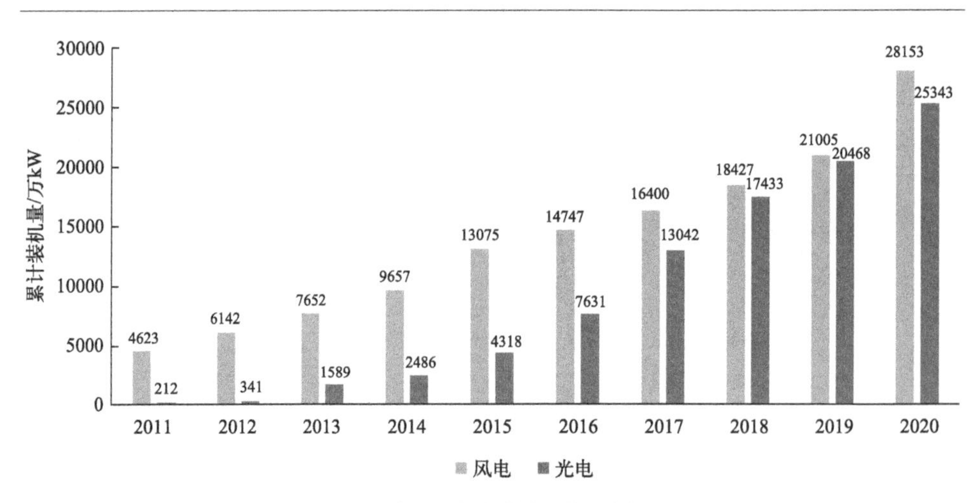

图1　中国风电光伏装机发展变化

（数据来源：《中国能源大数据报告（2020）》，中电联）

2　转变发展理念，积极推进动力煤企业向煤炭定制化生产转变

2.1　转变发展理念

积极贯彻“四个革命，一个合作”的能源战略思想，以消费革命促进技术革

命，推动动力煤供给和管理机制体制革命。煤炭是高碳能源，压减煤炭在能源市场中的占比，已是不可逆转的发展趋势，美国煤炭产量已从2008年的12亿t下降到2020年的5.4亿t，美国最大的煤炭公司皮博迪公司煤炭产量已从2011年的2.5亿t左右，下降到2020年的1.3亿t左右[2]。未来能源市场的竞争，是煤电和新能源的市场竞争，煤矿和燃煤电厂是利益共同体。面对新能源大发展带来逐渐萎缩的煤炭能源市场形势，动力煤企业应积极贯彻“四个革命，一个合作”的能源战略思想，积极发展煤炭定制化生产，以市场为导向，用安全高效的绿色煤炭生产技术，低成本生产满足用户质量需求的高质量煤炭产品，助力煤炭下游发电企业实现节能减排，并降低煤炭使用成本，提高煤电在未来能源市场的竞争力。

2.2 推进煤炭定制化生产

煤炭定制化生产是坚持“质量第一、效益优先”原则的生产方式[3]，是以消费革命促进技术革命，落实党的十九大精神，推进煤炭企业向高质量转型发展的具体措施。实现定制化生产，首先要做到煤炭市场需求信息和生产信息共享，现代化信息技术进步为我们提供了这种可能；其次，要深入调研了解煤炭产品市场信息，根据不同行业不同用户需求，细分产品种类，推进产品标准化和生产过程标准化，为满足不同用户需求奠定坚实基础。

以市场用户需求为导向，推进煤炭生产技术和选煤加工技术创新发展，开发清洁煤炭产品，丰富企业煤炭产品结构，实现煤炭生产企业和用户双赢，为发展清洁煤炭能源作出贡献。因此，动力煤企业应研究应用煤炭定制化生产模式，提高煤炭生产经营效率，提高煤炭清洁化水平，推动煤炭生产销售向“煤炭生产销售+服务”转变，提高煤炭产品竞争力。

加强信息化建设，提高煤炭产运销一体化管理效率。定制化生产就是坚持客户至上的理念，把满足用户质量需求放在第一位的生产方式。因此，实现煤炭定制化生产的首要条件，是做到生产信息与煤炭产品需求信息共享。面对复杂多变的煤炭市场，国家能源集团利用国内外先进的信息化技术，打造了智能煤质管控平台，使煤炭生产、洗选、运输与销售做到了信息共享和沟通，实现了煤炭生产、洗选、运输与销售一体化运营，以市场需求为导向，科学组织生产，共同应对复杂多变的煤炭市场，最大限度满足用户的质量要求，为国内外用户提供满意放心产品。

强化标准化管理，规范煤炭生产和洗选加工过程管理。充分利用市场信息，在市场需求引导下，改进煤炭生产系统和洗选系统，实施卓越绩效等全面质量管理，强化标准化管理，推进结果管理向过程管理转变，提高煤炭生产管理质量，以低成本、满足生产市场需求的清洁煤炭产品，提高神华煤炭产品市场竞争力。

推进技术创新，加快发展动能转换。为了提高国家能源集团煤炭产品盈利能力，鼓励和引导各分（子）公司创新改造选煤工艺，增产高附加值的特种煤产品，开发超清洁煤炭产品，提高生产煤炭品种与市场需求品种的匹配率，减少产品积压，提高煤炭产品的盈利能力，走质量第一、效益优先的高质量发展道路，形成了以信息化、标准化为基础的煤炭定制化生产模式，提高了国家能源集团煤炭产品的市场竞争力，为集团经济效益稳定增长作出重要贡献。

3 转变煤炭市场，积极推动动力煤向煤炭燃料与原料市场并举转变

3.1 推进动力煤企业煤炭产品向燃料与原料市场并举转变

2020年，我国生产煤炭39亿t，虽然总量同比增长1.4%，但其中用于燃煤发电的动力煤约21.4亿t，同比下降6.5%，动力煤市场萎缩初现端倪，因此，面对碳中和带来的煤炭能源市场的变化，我国动力煤企业煤炭产品市场转型任务繁重。煤炭除了作为动力煤用于燃煤发电，还大量用于钢铁冶炼、煤化工生产等领域，因此，应深入研究煤炭性质和用户需求，增加高炉喷吹煤、化工用煤等原料煤的市场比重，推进动力煤企业煤炭产品向燃料与原料并举转变。国家能源集团神东煤炭集团和胜利能源公司大力发展煤炭定制化生产，推进煤炭产品市场转型，开拓原料煤市场，积极生产高炉喷吹煤、块煤等特种煤产品，做出了有益的探索，树立了很好的典范。

3.2 根据用户质量需求，生产高炉喷吹和块煤等原料煤产品

随着煤炭和钢铁去产能工作的深入推进，行业上下游工序关系也发生了变化，需求定制成为企业拓展市场、提升效益的主要手段。神东煤炭集团有限责任

公司坚决落实习近平主席“四个革命，一个合作”的战略思想，积极推进煤炭定制化生产，以煤炭消费革命引领技术革命，推动能源机制体制变革，主动与北京科技大学和国内重点钢铁企业合作研究神东烟煤中氧化钙在高炉喷吹中的作用，在国内外首次根据神东烟煤CaO含量高的特点，试验研究煤粉中的CaO在高炉喷吹中的作用。研究表明，神东烟煤的高CaO含量特点可有效提高高炉风口区域煤粉的燃烧效率，同时减少高炉炼铁过程中助熔剂添加量，提高炼铁效率，降低生产成本。以此为基础，开发了神东高钙烟煤与无烟煤/兰炭混合喷吹技术、混合燃料灰渣配伍技术、富氧强化燃烧技术、高炉理论燃烧温度与炉腹煤气量协同控制技术，保证了神东高钙烟煤喷吹过程中的高炉安全稳定，有效提升了高炉喷吹煤粉燃烧率和高炉冶炼效率，降低了高炉渣量和燃料比，工业使用中实现了神东高钙烟煤喷吹量突破50%，高炉每喷吹1t神东高钙烟煤可为钢铁企业带来40 ～ 120元效益。该项研究开发基于高炉冶炼的神东高钙烟煤精准分选与高效喷吹技术，以合理的煤炭洗选-高炉喷吹工序联动对接，打通煤炭生产和钢铁冶炼之间的技术壁垒，实现互利共赢和利润最大化，在激烈的市场竞争中占据先机，促进了神东煤炭集团动力煤向原料煤应用的转变，神东煤炭集团用于冶金和化工生产的特种煤产量高速增长（表1），从2016年的2754万t，增长到2020年的4312万t，占神东煤炭集团总产量的29%，为神东煤炭集团利润增长作出重要贡献[4]。

胜利能源公司，积极发展煤炭定制化生产，主动建设块煤生产系统，根据煤化工用户产品质量需求，生产符合用户质量要求的高质量块煤等特种煤产品。近几年，块煤产品产销量急剧上升，从2016年的262万t增长到2020年的585万t（表1），占胜利能源公司煤炭总产量的27%，为集团褐煤公司经济效益增长树立了典范，推动了该公司煤炭从动力燃料向原料转变，提高了该公司产品抗市场风险能力。

表1 神东煤炭集团、胜利能源公司特种煤产量表 单位：万t

时间	神东煤炭集团		胜利能源公司	
	特种煤	总产量	特种煤	总产量
2016	2754	15377	262	1580
2017	2705	15298	382	1921
2018	3132	14885	463	1872
2019	3939	14455	480	2000
2020	4312	14469	585	2134

4　转变发展方式，积极推动动力煤企业向绿色高效发展方式转变

4.1　提高绿色高效发展水平

在未来，绿色高效煤电产业链中的绿色，是安全+环保+质量，即在安全生产的基础上，强化煤炭生产全过程环保管理，生产助力用户节能减排的高质量煤炭产品。安全生产是对煤炭企业的基本要求。在保证安全的基础上，要采用环保工艺进行生产，在煤矿生产中实施矸石减量化，在选煤生产中实施煤泥减量化和有价矸石排放减量化，最大限度减少煤炭生产过程中各种污染物的排放，并对排放污染物进行高标准达标治理。这不仅符合今天的环保要求，而且要符合未来政府的环保要求，最大限度减少煤炭生产对环境的扰动，采用定制化生产模式，生产用户需求的高质量煤炭产品。不仅利用煤中的有机组分，而且利用煤中的无机组分，助力用户节能减排，提高煤炭资源的利用价值，保护生态环境。

在未来绿色高效煤电产业链中的高效，是自动化+信息化+智能化，即在现有矿井机械化的基础上，利用先进的自动化技术、信息化技术和智能化技术等，根据地质条件，对现有煤炭生产矿井和洗选系统进行改造和升级，提高生产效率，降低生产成本，提高安全水平，减少危险生产区域的用工量，创造以安全高效为基础的绿色高效生产模式，提高煤电产业链在未来能源市场中的竞争力。

4.2　推动绿色高效的煤电一体化模式发展

面对“十四五”及更远的未来，虽然新能源将高速发展，在未来能源结构中占据主导地位，但新能源发电“靠天吃饭”的本性决定其是不稳定、波动性电源，需要其他电源配合新能源的波动性来维持电网系统的稳定，而新能源比例越高，则波动越大，其他调节电源需要做出的调整越大。此外，新能源的出力曲线往往与负荷曲线并不匹配，极端情况下甚至呈现相悖的特点，新能源出力往往呈现“极热无风，极寒无光，晚峰无光”的特点，而极寒、极热和晚高峰恰恰是需要电源加大出力的时候，新能源风光却往往顶不上。在新能源高度发达的欧盟，煤炭市场逐步缩小，但也没有完全退出能源市场，2019年欧盟消耗煤炭约5亿t，其中德国消耗煤炭约1.66亿t。因此，煤电在清洁方面不如新能源，但其具有稳定性好

和廉价的优势，在能源市场中将占有一席之地，其市场大小取决于煤电的清洁生产成本是否具有实施碳封存的成本空间。因此，动力煤企业应积极发展煤电一体化运行产业链，主动强化煤电一体化运行，煤矿和电厂相互依托，共享公用工程，采取一切从技术到管理的措施，生产助力发电企业节能减排的廉价优质煤炭产品，推进煤电一体化，减少煤炭生产和发电过程中污染物排放，建设绿色高效煤电产业链，提高绿色高效发展水平，降低煤电成本，为燃煤电厂实施CO_2捕集和封存开拓足够的成本空间，提高煤电在未来清洁能源市场中的竞争力，开拓在碳中和形势下，新的煤电市场空间。

5 结论

在国家明确“碳达峰、碳中和”目标，加快发展新能源，逐步压减煤炭高碳能源的形势下，动力煤企业应坚决贯彻习近平主席提出的“四个革命，一个合作”的能源战略思想，转变发展理念，加快转型发展，推进煤炭定制化生产，推进动力煤从燃料市场向燃料与原料市场并举转变，推进动力煤企业向绿色高效发展方式转变，提高绿色发展水平，提高煤炭生产效率，提高安全水平，建设绿色高效的煤电一体化模式，降低煤炭生产成本，为燃煤电厂实施CO_2捕集和封存开拓足够的成本空间，积极主动适应低碳能源发展新形势，开拓新的动力煤市场生存发展空间。

参考文献

[1] 韩舒淋，徐沛宇. 碳中和，中国的雄心与软肋[J]. 财经，2021 (3): 102.

[2] Peabody Energy Corporation. 2020 Annual Report [R]. 2020.

[3] 赵永峰，张文辉，崔高恩，等. 以信息化、标准化为基础的煤炭定制化生产模式研究与应用[C]// 中国煤炭工业协会. 2018煤炭企业管理创新成果. 北京：企业管理出版社，2019.

[4] 张文辉，张建良，王伟，等. 神东烟煤中CaO在高炉喷吹中的作用及有价矸石排放减量化研究[J]. 煤炭加工与综合利用，2021 (1): 78-80, 84.

1-13
美国煤炭能源系统发展分析研究*

摘要：研究分析了美国煤炭能源系统的特点及对我国煤炭能源系统发展的启示。美国煤炭能源系统的两个核心是煤矿和电厂，为了提高美国煤炭能源系统效率，减少煤炭应用污染物的排放，煤化工技术和加工技术分别向煤矿和电厂渗透，形成了煤电能源系统、煤电化能源系统、IGCC与CO_2地质封存相结合的发电系统和煤电氢等能源系统，美国将逐步建成污染物“近零排放”的高效、洁净煤炭能源系统，使美国煤炭能源系统满足越来越严格的污染物排放要求。

关键词：煤炭；能源；高效；洁净；美国

近几年，美国煤炭产量和消费量在11亿t左右[1]，是世界最大的煤炭生产国和消费国之一。美国90%以上的煤炭用于发电，美国建立的一体化高效、清洁煤炭生产和转化能源系统，提高了煤炭能源转化的效率，减少了污染物的排放，降低了清洁能源生产成本，其发电成本在工业发达国家中最低。这种先进的煤炭能源生产和转化系统以煤矿和电厂为核心，并发展污染物“近零排放”的洁净煤技术奠定了坚实的基础。

1　煤电能源系统

美国注重发展煤电一体化企业，在煤炭产地建设了大量电厂，就地发电转化煤炭，形成了煤电一体化运营体系。位于北达科他州的大河能源公司（Great River Energy），就是典型的煤电一体化能源企业[2]，与为煤克瑞克（Coal Creek）电厂供煤的缶可可煤矿（Falkirk Mine）相距不到14.8km，将煤用皮带输送到电厂，变输煤为输电，减少了运输环节，降低了发电成本。

为提高发电效率，该电厂还利用电厂余热（低于150℃的热源），对该厂燃料煤褐煤进行干燥脱水，使褐煤水分降低10 个百分点，提高发电效率1.7%，并减

---

* 本文发表于《神华科技》2012年第6期，作者还有刘玮。

少了污染物的排放。经测试，SO_2减排10%～15%，NO_x减排10%以上，Hg减排15%～20%。该电厂共有8 套流化床干燥器，每年干燥加工褐煤600万t，该干燥装置属于煤炭低温干燥，自2009 年投产至今稳定运行，是世界上利用电厂余热对煤进行干燥脱水的最大装置，经济效益和环保效益显著。

为了减少蒸汽的浪费，提高电厂的经济效益，该电厂还以当地玉米为原料利用多余的蒸汽生产生物乙醇。

这种以煤电一体化模式为基础、发展煤炭加工和生产相应化工产品，实现了煤电一体化能源企业的低成本运营，见图1。

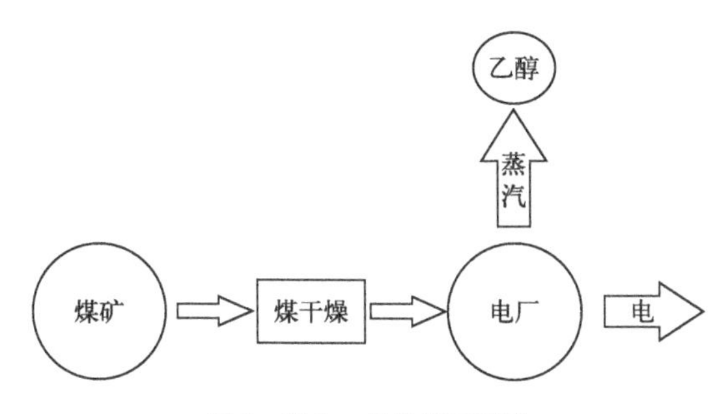

图1 煤电一体化能源系统

围绕煤矿的清洁生产，美国重点发展露天煤矿，其中70%左右的煤炭由露天煤矿生产，美国露天煤矿广泛采用吊斗铲、卡车工艺，用人少、生产效率高、回采率高，减少了开采过程中的能源消耗，降低了生产成本。美国重视采区复垦、矸石利用和矿井水治理，在矿区建设矸石电厂，减少煤炭开采对生态环境的影响。

围绕洁净发电技术[3]，美国重点研究发展减排CO_2等污染物的先进发电技术。①研究提高发电效率减少CO_2等污染物的排放，如针对煤粉和循环流化床锅炉发电系统；研究提高蒸汽透平进口蒸汽温度和压力，提高发电效率，减少燃料消耗。②研究燃煤污染物，“近零排放”的烟气净化技术；研究脱除粉尘、SO_2、NO_x和汞等污染物；研究从烟气中分离，浓度为12%～16%的CO_2，美国规划了8 个燃煤电厂CO_2捕捉分离示范项目。③研究富氧燃烧发电配套分离捕捉CO_2，由于提高了烟气中CO_2的浓度，将降低设备投资和分离捕捉CO_2的成本。

这些清洁技术的研究与应用，将进一步提高美国煤电一体化能源系统的利用效率，并减少污染物的排放，在环保要求越来越严格的今天，提高了煤炭能源的市场竞争力。

2 煤电化能源系统

煤既是燃料又是宝贵的化工原料，美国在煤电一体化运营模式基础上，又发展了煤电一体化运行模式，盆地电力公司（Basin Electric Power Cooperative）在北达科他州大平原地区的煤电化模式[4]，就是世界煤电化能源系统成功的典范，见图2。

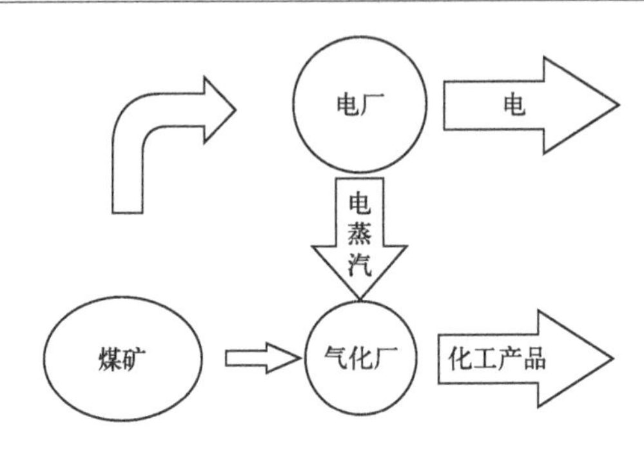

图2 煤电化能源系统

盆地电力公司是以发电为主的能源公司，拥有4715MW的发电能力。其所属的安德威利（Antelope Valley station）电厂和煤气厂即为一体化设计，共用水、电和道路等公用设施，所需煤炭由北美煤炭公司的傅瑞德煤矿（Freedom Mine）供给，煤矿距电厂和气化厂距离不超过3.2km。该煤矿生产的原煤经储存晾干、筛分处理后，块煤供给煤气厂作为气化原料煤，粉煤送到电厂发电。此煤炭加工处理系统没有复杂的磨粉、制浆系统，具有成本低的巨大优势。

傅瑞德煤矿与盆地电力公司签订长期供煤协议，保证煤炭供应。傅瑞德煤矿是北达科他州的大型露天煤矿，采用吊斗铲-卡车生产工艺，生产效率高，煤炭销售价格低于14美元/t。2011年，傅瑞德煤矿生产褐煤1350万t，除供给煤气厂使用600万t外，其余供给安德威利等电厂用于发电。

安德威利电厂是具有900MW发电能力的粉煤燃煤发电厂，采用布袋除尘器除尘，负责向煤气厂供电和蒸汽，多余电力上网外送。

煤气厂是世界上第一个合成天然气厂[5]，是美国仅有的两个煤化工厂之一，于1984年建成投产，采用块煤鲁奇加压固定床气化工艺，煤气净化工艺为低温甲醇洗，主要生产合成天然气、氨、焦油等化工产品。

为了提高经济效益，煤气厂还将CO_2输送到加拿大油田进行CO_2填埋。每年有12亿m^3的CO_2用于提高石油的采出率，提高了此项目的经济性能和环保性能。

2011年，盆地电力公司共生产消费煤炭2170万t，其中发电用煤1570万t，是煤气厂用煤的2倍多。在美国煤炭市场受页岩天然气的冲击、持续低迷的形势下，近5年，盆地电力公司连续实现盈利，2011 年利润达到9.8 亿美元，是美国“煤电化”模式成功的典范。其成功的主要原因是：①这种模式建在美国低价煤区，其褐煤价格仅14 美元/t，低于中国同品质褐煤价格。②气化厂产品多样化，不仅生产合成天然气，而且根据当地市场需求，生产合成氨、焦油等高附加值化工产品，CO_2也作为产品销售，提高石油回收率。③以煤电发展为主，依托煤电优势，发展化工产品，降低了化工产品的生产成本，取得了较好的经济效益。

3 IGCC和CO_2地质封存相结合的发电系统

以煤为原料的IGCC 发电系统，是一种高效、清洁的洁净煤利用技术，和燃煤发电相比，具有成本高的劣势，一直处于研究试验阶段，难以商业化运行，但为了减少CO_2等温室气体排放，考虑将IGCC 发电系统和CO_2分离捕捉、地质填埋封存相结合，见图3，其CO_2易分离捕捉的优势得到充分发挥。同时，IGCC发电成本可显著降低，是一种具有良好成本优势的洁净煤利用技术，其环保性能，可以达到天然气发电的水平。面对越来越严格的环保排放要求，以煤为燃料的IGCC 发电系统和CO_2分离捕捉、地质填埋封存相结合，成为未来煤炭发电的希望。同时，为建设煤炭发电污染物“近零排放”电厂奠定了基础，否则，面对越来越严格的污染物环保排放要求，燃煤发电有可能退出发电市场。

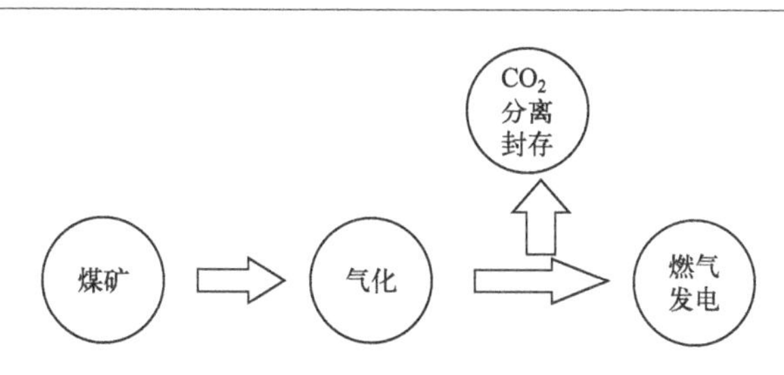

图3 IGCC 和CO_2地质封存相结合的发电系统

美国杜克（Duke）能源公司正在建设IGCC 和CO_2分离捕捉、地质填埋封存相结合的发电系统[6]，计划2012 年底初步建成。该项目采用美国GE 公司的德士古气化技术和燃气轮机技术，CO_2分离捕捉、填埋预留，发电能力618MW。

4 煤电氢能源系统

由于氢与氧反应生成水，没有排放任何污染物，因此氢是理想的环保运输燃料，但由于氢存在能量密度低、储存和安全等问题，使氢能难以经济地应用于运输燃料[7]。但美国发明的铝镓合金制氢技术[8]，使氢能用作运输燃料所面临的瓶颈问题迎刃而解。其基本原理是：

$$2Al + 3H_2O \xlongequal{\quad} 3H_2 + Al_2O_3$$

由于铝易于氧化，形成氧化铝膜阻止上述反应连续进行，但将铝制成铝镓合金，则可以防止铝的表面氧化，使上述反应连续进行，而通过电解可以使上述反应发生逆反应，使氧化铝生成铝。这种制氢技术最终消耗的是电，这种技术属于一种“随制随用”技术。如果将上述装置装在汽车上，汽车装的是水和铝，就可根据发动机的需要制取氢，因此这种技术克服了氢能利用中的能量密度问题、储存问题和安全问题，车辆的安全性能和环保性能将大幅度提升。这种技术的发展，意味着“煤电氢”能源系统的诞生，见图4。这种以煤为基础的运输燃料氢，具有全过程能源效率高、汽车污染物“近零排放”等特点，在运输领域具有广阔的应用前景。

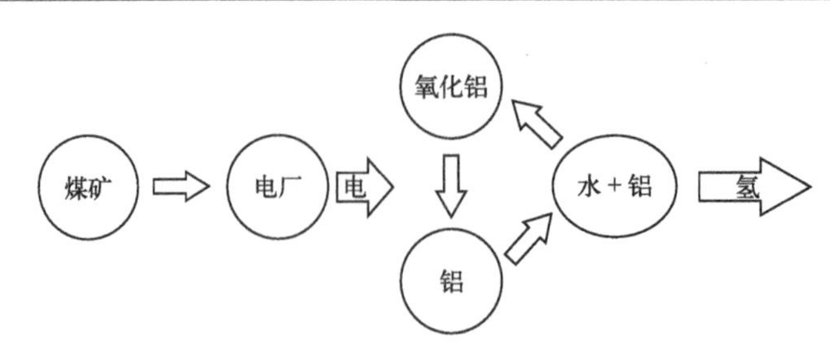

图4　煤电氢能源系统

5 美国煤炭工业特点及发展趋势

美国煤炭工业目标明确。以提高能源利用效率、减少污染物排放、提高经济效益和保证国家能源安全为目标，投入大量资金，研究以碳捕捉和封存为核心的洁净煤技术，推进新煤炭能源体系和技术装备进步，打造新的煤炭经济循环和碳循环。

美国煤炭生产和转化工业中的两个核心是煤矿和电厂，煤化工技术逐步向煤矿和电厂渗透，美国煤矿配套有选煤厂、矸石电厂和坑口电厂，有煤炭干燥提质装置，是以煤矿为核心渗透发电技术和化工技术的煤炭生产、加工和转化的一体化基地；美国电厂已渗透煤气化、净化和气体分离等多种化工技术，用于IGCC电厂和碳捕捉，化工技术和发电技术相互融合，提高燃煤发电环保性能。

美国注重煤炭能源系统研究和建设，既要环保效益，更要经济效益。①依靠新能源系统建设，提高能源利用效率、减少污染物排放，如建设提高低质煤的煤电一体化能源系统，并研究低质煤气化技术和发电技术，建设CO_2地质封存和提高石油采出率系统，建设煤化工和电力相结合的新型IGCC 系统。②注重协调项目建设和系统完善的关系，提高整体经济和环境效益。通过项目建设，完善现有能源系统，提高整体效率，用完善的系统建设，解决单一项目难以解决的技术难题。例如美国依托煤电一体化系统的低温煤炭干燥技术，既解决了干燥效率和褐煤干燥易着火的问题，又提高了煤电一体化系统的效率。

美国煤炭工业逐步形成渗透煤化工技术，以煤、电为核心的煤炭生产和转化一体化的能源体系，形成新的煤炭能源经济循环和碳循环，进一步提高美国煤炭工业的环保性能、经济性能，为建设污染物“近零排放”的煤炭能源体系奠定了基础。

6 结论

美国煤炭生产和转化利用一体化能源系统，具有效率高、污染物排放少等特点。其实质是：坚持以煤质为基础发展煤炭加工转化利用，形成以煤矿和电厂为核心的煤炭生产转化能源系统。以此能源系统为基础，应用煤化工等先进技术，改造完善煤矿和电厂生产工艺，逐步发展更清洁、更高效的煤炭能源系统，降低煤炭生产转化成本，提高能源利用效率，减少污染物排放；打造新的经济循环和碳循环，逐步实现煤炭能源利用的污染物“近零排放”，满足越来越严格的污染物排放要求，这对我国煤炭工业的发展具有借鉴意义。

参考文献

[1] U.S. Energy Information administration, Office of Oil, Gas and Coal Supply Statistics[R]//U.S. Department of Energy. Annual Coal Report. 2010.

[2] Sarunac N, Ness M, Bullinger C. One year of operating experience with a prototype fluidized bed coal dryer at coal creek generating station [C]// Third International Conference on Clean Coal Technologies for our Future. Cagliari, 2007: 15-17.

[3] Maxson A, Holt N, Thimsen D, et al. Advanced coal power systems with CO_2 Capture [R]// Technical Report. Electric power Research Institute, 2011.

[4] Risch K E. Annual Report: Basin Electric Power Cooperative [R]. 2011.

[5] Stelter S. The New Synfuels Energy Pioneers [M]. Dakota: Dakota Gasification Company, 2001.

[6] EPRI. Coalfleet User Design Basis Specification for Coal-Based Integrated Gasification Combined Cycle Power Plants [Z]. Palo, 2010.

[7] Hww A, Hwc A, Htt A, et al. Generation of hydrogen from aluminum and water effect of metal oxide nanocrystals and water quality: Science direct [J]. International Journal of Hydrogen Energy, 2011, 36(23): 15136-15144.

[8] Jeffrey T Z, Jerry M W, Robert A K, et al. Liquid phase-enabled reaction of Al-Ga and Al-Ga-In-Sn alloys with water [J]. International Journal of Hydrogen Energy, 2011, 36(9): 5271-5279.

1-14
美国零库存煤炭集装站模式*

摘要：介绍了美国卡车直接装火车的零库存集装站运营模式。该模式减少了煤炭装卸环节，在煤矿、集装站正常生产运行情况下，基本实现了煤炭零库存，在集装站内实现了煤炭零转运距离，降低了煤炭转运成本。

关键词：煤炭；储存；美国

煤炭集装站是煤炭生产运输过程中的重要环节，尤其对没有铁路运输条件的煤矿，铁路集装站是不可缺少的环节[1]。在煤矿，首先采用卡车运输的方式，将煤炭运到附近的铁路集装站，然后装火车外运。因此，集装站的煤炭转运模式对降低煤炭运营成本，提高煤炭产品的竞争力具有重要意义。

本文介绍了美国一种铁路煤炭集装站，虽然煤炭集装站规模不大，但是其结构简单，实现了卡车运载煤炭直接装火车，避免了煤炭落地对煤炭产品的污染，减少了装卸环节及煤炭损耗，实现了“零库存、零转运距离”的理想煤炭转运模式，将煤炭转运成本降到最低点，因此，这是一种具有市场竞争力的煤炭转运模式，对国内煤炭集装站建设具有重要指导意义。

1 美国卡车直接装火车煤炭集装站结构

美国GOH公司（Glenn O Hawbaker Inc.）煤炭集装站结构见图1、图2和图3，该煤炭集装站具有以下特点：

（1）集装站煤炭堆存场，建有装有煤炭的卡车直接装火车平台，平台比火车车厢略高，没有运动部件，在卡车装火车的过程中，火车缓慢移动，有专门人员指挥卡车和火车的协同操作。

（2）在储煤站台上没有大型储煤仓，在地面直接堆存，堆存产品全部用篷布

* 本文发表于《煤炭加工与综合利用》2014年第9期。

覆盖，满足当地环保要求，且堆存场地全部硬化处理，正常情况下，此堆存场不用堆存煤炭，实现了煤炭零库存，提高了转运效率。

（3）在集装站内，煤炭转运距离为零，煤炭装卸环节少，操作运行用人少，煤炭装卸运行效率高。

图1　集装站卡车装火车平台

图2　卡车直接装火车操作过程

图3　集装站堆存场

2　美国卡车直接装火车煤炭集装站特点

（1）装车流程简单，效率高。由于实现了卡车直接装火车的操作，减少了装卸环节，在煤矿、集装站正常运行情况下，基本实现了煤炭零库存，在集装站内实现了煤炭零转运距离，大幅度降低了煤炭转运成本。

（2）设备可靠性高，维修量少。在煤炭储存装车过程中没有转动设备和运动部件，节省了电费，减少了设备维修费用，提高了设备系统的可靠性。

（3）封闭储存，符合环保要求。集装站虽然结构简单，但实现了封闭储存，煤炭堆存厂全部硬化处理，达到当地的环保要求。

（4）建设投资少，运营成本低，经济效益好。据国内专家测算，减少一个装卸环节可减少2 ～ 4元/t费用，而且不用把煤炭抬高到20m，甚至50m的储存高度，节省了电费和人工费。因此，此装车模式至少节省转运费用3 ～ 5元/t。

这种集装站对煤炭生产、转运的计划性要求较高，要求卡车运输和铁路运输密切配合，否则很难实现。

3 应用发展趋势

国内煤炭集装站建设模式比较多，最简单的有站台式，煤由卡车直接运送堆存在站台上，然后用铲车直接装火车，由于存在煤炭露天储存和环境污染等问题，这种集装站属于淘汰的煤炭集装站模式。目前，建设的煤炭集装站有槽仓型、筒仓型、钢网架加彩板或加气膜封闭型储煤等模式[2]，这些煤炭集装站存在投资大、转运环节多等问题，增加了煤炭的转运成本，降低了煤炭产品的市场竞争力，在煤炭企业利润处于“微利”的时代，这种煤炭集装站模式的发展将受到制约。

美国卡车直接装火车的煤炭集装模式，实现了煤炭零储存、零转运距离，减少了煤炭装卸程序，最大限度降低了煤炭转运成本，其给我们的重要启示是：降低煤炭转运成本，要努力减少煤炭装卸环节、减少运距。理想的煤炭转运模式是零库存、零转运距离，并且装卸环节最少。美国卡车直接装火车的煤炭集装模式就是理想的煤炭转运模式的具体体现，也是企业精益管理思想“零库存”的具体实践，因此，现代化煤炭集装站的评判标准不是煤炭的装卸数量，而应该是在满足环保要求的条件下，库存量、转运距离（包括煤炭水平运输距离和抬升高度）和装卸环节三项指标，只有库存量低、转运距离短、装卸环节少的集装站，才能降低集装站建设投资，集装站运行电耗最低，实现转运成本最低，在未来的激烈市场竞争中立于不败之地。

4 结论

随着国内煤炭十年黄金期的结束，煤炭已进入产业结构调整的“微利”时代，生产管理粗放、生产转运成本高的煤炭企业将逐步被淘汰。因此，降低煤炭生产和转运成本，是今后相当时期内，煤炭生产企业的中心任务。随着国内煤炭生产管理水平的提高，尤其是煤炭生产、运输计划性的增强，美国卡车直接装火车的煤炭集装站模式将在我国部分区域有应用市场。其给我们的重要启示是：要因地制宜，在满足环保要求的条件下，最大限度减少煤炭库存量，减少转运距离和转运环节，实现煤炭转运成本最低，提高煤炭产品的市场竞争力。

参考文献

[1] James M E, Patrick H L.Coal storage and transportation [M]// Cutler J C, ed. Encyclopedia of Energy. New York: Elsevier, 2004.

[2] 陈永强. 选煤厂封闭式圆形储煤场设计 [J]. 煤炭加工与综合利用，2013 (169): 81-83.

1-15 以煤为原料合成天然气技术发展前景分析*

摘要：本文介绍了以煤为原料合成天然气的原理、美国大平原合成天然气厂的情况和国内合成天然气技术研究概况，分析了合成天然气技术在中国的发展前景。

关键词：煤；合成天然气；甲烷化

1 前言

以煤为原料生产合成天然气，与煤制油一样均是新型煤化工技术，这些技术的开发和实施将为我国的能源安全和煤炭的洁净利用作出重要贡献。

根据我国“富煤、缺油、少气”的能源结构，我国将发展洁净煤技术作为我国今后能源建设的战略重点，因此新型煤化工技术作为我国重要的洁净煤技术，已成为我国重点发展的能源技术，目前我国发展的新型煤化工技术包括煤制油技术、煤制醇醚技术和煤制合成天然气技术等，主要生产煤基清洁燃料和化工产品，满足我国日益紧缺的石油、天然气和化工产品的需要。

目前国内天然气供不应求，每年进口大量的液化气和天然气，并计划修建天然气管道从周边国家进口天然气，满足国内日益增长的市场需求。2003年我国天然气产量360亿m^3，占同年世界天然气产量的1%，占我国一次能源的2.7%（世界平均值在20%以上），2006年我国天然气产量595亿m^3，位居世界第十一位，进口液化气614万t，进口液化天然气67.75万t，国家发展和改革委员会按照“充分利用两种资源、两个市场”的能源政策，计划到2020年国内天然气产量达到1200亿m^3，进口1000亿m^3，满足国内市场对清洁燃料的巨大需求[1, 2]。

以煤为原料合成天然气技术是一种新型煤化工技术，由于合成天然气中硫等污染物含量低，因此合成天然气是一种比天然气还优良的清洁燃料，用途十分广泛，主要用于城市燃料，合成天然气将弥补我国天然气的短缺，并为煤炭的清洁利用开辟一条新的途径。

---

* 本文发表于《煤》2009年第9期。

2 以煤为原料合成天然气技术原理

以煤为原料合成天然气工艺流程示意图见图1。

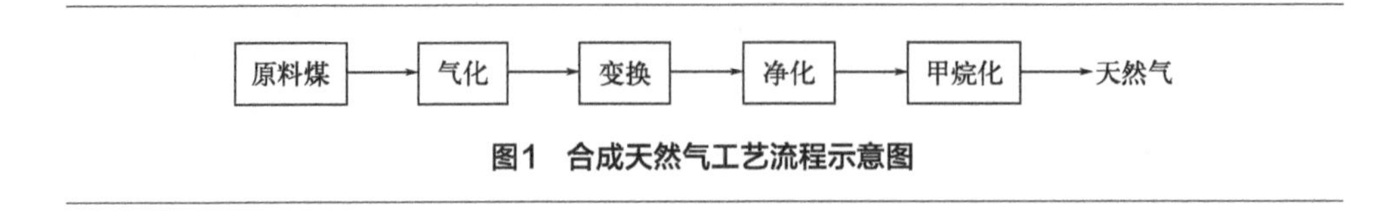

图1 合成天然气工艺流程示意图

合成天然气主要化学反应是甲烷化反应[3]，其化学反应方程式如下：

$$CO + 3H_2 \longrightarrow CH_4 + H_2O$$

$$CO_2 + 4H_2 \longrightarrow CH_4 + 2H_2O$$

用于上述甲烷化反应的催化剂和工艺的研究可以追溯到20世纪初，当时主要是用于脱除合成气中残留的少量碳氧化物（CO和CO_2），自1902年发明了用于催化甲烷化反应的镍基催化剂以来，化肥生产中用于甲烷化的催化剂和工艺绝大多数围绕这类催化剂进行研究。

以煤制合成气（高CO含量）为原料的合成天然气（甲烷化）研究始于20世纪40年代，在经历了20世纪70年代的石油危机后，人们又开始重视以煤为原料生产合成天然气的研究工作，从而使合成天然气的研究进入高速发展时期。此项研究的主要目的：一是解决当时天然气供应不足的问题，二是解决燃煤直接利用造成的环境污染问题，把煤变为洁净的天然气供人们使用。

以煤为原料合成天然气在技术上有一定难度，首先要求CO转化率高，对所用的催化剂、工艺和设备要求苛刻，许多工业发达国家如美国、德国和丹麦等对此项技术进行了深入研究，研制出了耐硫甲烷化催化剂和不耐硫甲烷化催化剂，以这些催化剂为基础，成功开发了4种甲烷化反应器和多种甲烷化工艺，为以煤为原料合成天然气奠定了技术基础。

3 美国合成天然气技术状况

3.1 项目概况

由于天然气短缺，美国在20世纪60年代就计划建设以煤为原料生产合成天然气的工厂，20世纪70年代的石油危机加快了此项目的进程。1971年，美国就开始进行以煤为原料合成天然气工程项目的前期研究工作，该项目以美国北部40亿t褐煤为原料生产合成天然气，该褐煤含水36.8%，灰分6.5%，挥发分26.6%，固定碳29.4%，热值3000～3800kcal/kg，1974年美国花费150万美元在南非进行了气化试验，确定美国褐煤可以用鲁奇气化技术，并获得设计参数，以此试验为基础，1975年进行了主要工艺设备的选型和详细的工程设计，为了提高项目的能源效率，工艺过程中副产的不同压力等级的蒸汽供本项目自用。该项目原设计生产天然气700万m^3/d，由于资金方面的困难，1976年该项目规模改为350万m^3/d[4]。

3.2 合成天然气厂运行情况

工厂建成投产后，生产天然气350万m^3/d，氨93t/d，硫85 t/d，气化过程中副产的焦油和酚等送入锅炉烧掉[5, 6]。

20世纪80年代中期，美国天然气市场饱和，每立方米天然气市场价仅为0.035美元，使得该厂在建成后就发生严重亏损。

为了摆脱工厂运行的困难局面，在工厂建成至今的20多年中，一直进行技术改造，增加产品品种，降低运行成本，该厂到2000年扭亏为盈，成为世界上以煤为原料生产合成天然气成功的先驱。

该厂在扭亏为盈的十几年中主要采取以下措施：

（1）通过对气化等工艺系统的优化改造，提高产量，降低运行成本，现在工厂的生产能力是原设计能力的127%。

（2）对排放烟气进行脱硫、除尘净化处理，联产硫酸铵，对污水进行净化处理，减少环保费用的支出。

（3）根据市场行情，联产无水氨，扩大无水氨的产量，提高企业的经济效益。

（4）回收利用CO_2、焦油和苯酚等化工产品，提高CO_2的附加值，使企业获得经济效益。

由于企业采取了上述措施，再加上近几年石油、天然气价格上涨，近几年美国天然气价格为每立方米0.21美元左右，有时高达0.31美元，因此该厂从2000年以后一直盈利，成为世界上以煤为原料生产合成天然气成功的先驱，也是世界上唯一以煤为原料生产天然气的工厂。

4 我国煤气甲烷化技术研究概况

我国从20世纪80年代初，根据我国城市煤气化发展的实际情况，进行煤气甲烷化技术开发研究工作，开发了多种催化剂和工艺，并进行了中试，但均没有实现工业化。我国从事煤气甲烷化研究工作的单位主要有中国科学院大连化学物理研究所、化工部化肥研究所和中国科技大学等[7]。

为了加快我国煤气甲烷化技术的开发速度，1986年我国与丹麦政府签订了“煤化工技术合作协议”，该协议确定由中国科学院大连化学物理研究所、中国科技大学和丹麦托普索公司等单位联合开发煤气耐硫甲烷化技术，在山西化肥厂建立了试验装置，进行侧线试验，经过三年努力，圆满完成3000h试验任务，为我国耐硫甲烷化技术的开发奠定了基础。

为了配合我国中小城市煤气化发展的进程，在国家“八五”科技攻关计划的支持下，进行了常压两段炉水煤气甲烷化的中试试验研究，此项目由化工部化肥所和煤炭科学研究总院共同承担，在秦皇岛煤气厂建立了中试试验装置，进行了1000h催化剂的寿命试验，1997年完成全部试验研究工作，顺利通过科技部组织的鉴定。中国科学院大连化学物理研究所进行了水煤气甲烷化的试验研究，并进行了工业试验。

5 合成天然气技术在我国发展前景分析

5.1 我国天然气资源状况

近年来，我国先后做过三次全国石油、天然气资源评估，第一次在1986年进行，第二次在1994年，第三次从21世纪初开始，到2004年底结束。

第三次全国石油、天然气资源评估结果表明，石油、天然气资源总的来说不乐观，可采储量约为67亿吨，可采资源探明率约为44.7%。从资源看，我国石油产量预计在2010年至2020年间仅能维持1.8亿t/a；我国天然气资源量为47万亿m^3，可采储量预测可达14万亿m^3，但远不及苏联（107.24万亿m^3）、美国（40.43万亿m^3）、伊朗（35.37万亿m^3），但与加拿大（13.75万亿m^3）、沙特阿拉伯（13.73万亿m^3）基本相当。虽然我国天然气就资源绝对量来看，在世界上名列前茅，但分布不均衡，产区主要位于偏远的塔里木、四川、陕甘宁、准噶尔、柴达木等边远地区和南海、东海、渤海等海域，远离我国经济发达地区，天然气输送成本高，而且我国是世界人口最多的国家，人均天然气资源量很少，因此我们必须探索新的天然气来源，满足我国经济快速发展的需求。

5.2　天然气市场状况

天然气下游市场目前主要是居民用户（包括炊事和冬季集中供热取暖）、电力工业和交通运输业。

早期人们对天然气的重要价值认识不够，仅以陕京线为例，1997年10月陕京输气管线顺利投产，然而一直到一年以后，即1998年9月天然气用量只有设计输气量的1/10，以后几年缓慢上升，2002年北京天然气消耗为18亿m^3，2003年为27.4亿m^3，但2005年以后，天然气需求进入快速发展阶段，2005年北京市需求量达到40亿m^3，2005年春季，在春节期间北京居民供气一度十分紧张，为确保北京市民过一个快乐的新年，不得已停止了向几个工业用户的供气。

2007年我国天然气消费量为680亿m^3，2008年国内天然气消费量更是达到789亿m^3。目前，西气东输、忠武线等输气管线的下游市场都出现了供不应求的局面。除居民用户、天然气发电及其他一些工业用户外，随着近期汽油价格上涨，公交汽车、出租车，甚至一些私人汽车也都积极改用天然气为动力。

总之，天然气下游市场的发展驱动力是很强的。

5.3　发展洁净煤技术的迫切性

目前，我国能源结构很不合理，必须调整能源结构，使经济发展与自然和谐，决不能以人民的健康为代价换取经济高速增长。2002年，IEA成员国的能源结构为石油40.3%，天然气21.8%，煤炭20.5%，核能11.7%，其他能源5.7%；而中国的能源结构为石油23.4%，天然气仅占2.7%，煤炭66.1%，核能0.7%，水电及其他7.1%。

在中国的能源结构中煤炭占的比重过大，天然气占的比重太小。根据世界上多数专家估计，全球范围能源总的发展趋势是天然气所占比重将进一步扩大，预计到2030年天然气将占首位。根据有关资料显示，2004年，全球石油所占比重约为37.5%，比2002年的40.3%略有下降，而天然气比重上升至24.3%，比2002年的21.8%略有上升，相信这种趋势还将继续下去，最终天然气将占首位。

我国以煤炭为主的能源结构和煤炭利用技术落后造成大气严重污染。据估计，烟尘和CO_2的70%、SO_2的90%、NO_x的67%来自煤炭消费。我国SO_2的排放量在世界排第一位，CO_2在世界排第二位。酸雨至今仍十分频繁，2004年我国有298个城市受其影响，超过被监测城市的一半。

从长远来看，应大力发展天然气，增加天然气在我国能源利用中的比重，但从我国的实际情况来看，由于天然气资源分布的不均衡，我国“富煤、缺油、少气”的能源结构近期难以改变，因此目前改变煤炭利用造成环境污染的最有效途径是发展洁净煤技术，合成天然气技术就是目前需要发展的洁净煤技术之一。

5.4 合成天然气技术在我国应用前景广阔

以煤为原料生产的合成天然气，硫等污染物含量很低，是一种比天然气还要洁净的能源，是一种真正的绿色能源，因此在环境保护越来越重要的今天，合成天然气具有广阔的应用前景，因此近年来许多国家又开始重视合成天然气的开发和产业化研究。

虽然在历史上由于能源价格的剧烈波动，使世界第一个以煤为原料生产合成天然气的工厂运行陷入经济困境，但是近年来随着能源价格的持续上涨，不仅煤制合成油产品有巨大的市场空间，而且煤制合成天然气在某些地区也具有巨大的市场空间，美国以煤为原料合成天然气工厂扭亏为盈就充分证明了这一点。此项目不仅在技术上可行，而且由于油价、天然气价格持续上涨，在经济上也是可行的。在人类对煤炭依赖程度不断增加的今天，把煤转化为洁净的天然气是一种较佳的选择。

以煤为原料合成天然气项目具有以下优点：

（1）把煤转变为洁净能源，减少煤中硫等污染物对环境的污染，同时满足天然气的市场需求。

（2）在合成天然气的生产过程中产生的CO_2纯度高，便于利用，同时减少CO_2的大量排放，解决了煤炭直接燃烧，CO_2难于减排的问题。

（3）解决了煤炭固体物料输送难的问题，把煤转化为天然气后可以用管道长距离输送，对于存在煤炭运输瓶颈的地区，此项技术具有重要意义。

我国能源结构是“富煤、缺油、少气”，从长远来讲我国能源还要依靠煤炭，解决煤炭利用过程中对环境造成的污染是我国大量利用煤炭必须解决的一个问题，因此把煤转化为天然气再加以利用，是我国解决燃煤污染的重要途径之一。

我国天然气资源紧缺，而煤炭价格相对较低，因此中国具有采用以煤为原料合成天然气的市场条件。

我国已建成西气东输和陕京天然气工程，保证这些工程的天然气气源是我国急需解决的问题之一，在新疆地区勘探开发新的天然气田是解决西气东输工程气源的重要措施，但将西气东输和陕京天然气工程沿线的煤炭转化成人工合成天然气也是保证西气东输和陕京天然气工程气源的重要措施之一，而且还可以缓解我国西煤东运的压力，充分利用我国已建成的西气东输和陕京天然气工程，保证西气东输和陕京天然气工程持续产生经济效益。

因此以煤为原料生产合成天然气项目在我国具有广阔的发展前景，在西气东输和陕京天然气工程沿线尤其要重视此项目，应根据西气东输和陕京天然气工程沿线的实际情况，借鉴国外成功的以煤为原料生产合成天然气的技术经验，有针对性地进行研究，为此项目早日实施奠定坚实的基础。

6 结论

以煤为原料生产合成天然气，把煤转变为比天然气还洁净的合成天然气，符合我国节能减排的国家政策，不仅会产生良好的经济效益，而且会产生重大的社会效益，成为我国洁净煤技术发展的典范，为实现我国“十一五”节能减排目标作出贡献，因此，合成天然气项目在我国具有良好的发展前景。

参考文献

[1] 李景明，李剑，谢增业，等．中国天然气资源研究[J]．石油勘探与开发，2005, 32 (2): 16-21.

[2] 车长波，杨虎林，李玉志，等．中国天然气勘探开发前景[J]．天然气工业，2008, 28 (4): 35-46.

[3] 张文辉．煤气CO高压放电转化新技术研究[D]．北京：煤炭科学研究总院，1995.

[4] Torster K, Robert L M, Alfred K K. Implementing America's first commercial synfuels project-The great plains coal gasification project[J]. Chemical Economy & Engineering Review, 1983 (3): 7-14.

[5] Alfred K K. The great plains gasification project[J]. Chemical Engineering Progress, 1982 (4): 64-68.

[6] Office of Fossil Energy. Practical experience gained during the first twenty years of operation of the great plains coal gasification and implications of future projects[R]. Washington DC: U. S. department of energy, 2006.

[7] 石天宝．城市煤气甲烷化技术进展综述[J]．煤炭综合利用，1991 (4): 1-11.

Part Two

第二部分

活性炭（焦）制备与活性焦烟气净化技术

2-1
压力对炭化、活化（气化）过程影响的研究进展*

摘要：介绍了压力对炭化、活化（气化）过程影响的研究进展。研究进展表明压力是影响炭化、活化（气化）过程的重要工艺参数，加压炭化可以提高炭化产物的堆密度，减少孔隙的直径；压力对活化（气化）化学反应速度有重要影响，并影响反应生成的气体组成，但目前加压活化对固体产物孔隙结构的影响研究的比较少，应加强这方面的基础研究。

关键词：加压；炭化；活化；气化

1 引言

炭化、活化过程是活性炭生产的主要工艺过程，也是煤炭的重要加工转化工艺过程。炭化、活化过程的化学反应是复杂的多相化学反应，温度、压力等工艺参数对此反应过程有重要影响。目前，温度对炭化、活化过程影响研究得比较多，而压力对炭化、活化过程的影响研究相对较少，影响了加压炭化、活化工艺技术的应用开发。我国活性炭生产过程中的炭化、活化均在常压下进行，加压炭化、活化对活性炭孔隙结构影响的研究在国内未见公开报道[1, 2]，煤炭科学研究总院正在开展加压炭化、活化对活性炭孔隙结构影响的研究。

深入认识压力对炭化、活化过程的影响，对制备高性能、多功能吸附炭材料具有重要意义。活性炭生产过程中的炭化原理和煤炭的干馏加工原理相同，干馏加工分为高温干馏、中温干馏和低温干馏等，温度对干馏加工产物的物理、化学性质有重要影响。目前国内主要研究温度、升温速度对干馏产物性质的影响，研究结果主要用于炼焦、活性炭和炭材料生产等领域。活性炭生产过程中的活化原

* 本文发表于《煤炭转化》2004年增刊，国家自然科学基金项目（50272028），作者还有杜铭华、梁大明。

理与煤炭的气化原理相同，气化工艺有多种，按气化压力分类，气化可分为加压气化和常压气化等，加压气化和常压气化制得的煤气组成有很大差别，固体产物的孔隙结构也不完全相同。压力是影响炭化、活化过程的重要工艺参数。本文主要介绍了国外十几年来关于压力对炭化、活化过程影响的研究进展。

2 加压炭化研究进展

炭化是含碳材料隔绝空气升温加热的过程。在升温过程中含碳材料发生多相化学反应，固体产物化学组成、孔隙结构和物理性质发生巨大变化，同时生成液体、气体等多种产物。由于在炭化过程中有气体产物生成，根据化学反应原理，压力的变化对炭化过程及炭化产物的性质有重要影响，近年来国外关于压力对炭化过程的影响的研究取得了显著进展。

Valero等人研究了橄榄核的加压炭化[3]，研究结果见表1。从表1可以看出，加压炭化制的半焦堆密度、真密度、气化速率和常压制的半焦有很大差别。当炭化终温为510℃时，炭化压力升高到0.5MPa，炭化半焦的得率显著增加，但当压力继续增加时，炭化得率没有显著变化；随着压力的增加，堆密度增加，气化反应性提高。

Lee等人研究了烟煤加压炭化过程[4]，发现压力对煤炭化过程中的物理性能、化学性能变化有重要影响，压力减缓了挥发分的释放速度，降低了焦油的产率；在0.8MPa时，煤的膨胀性增加，并形成较多大孔；如果继续增加压力，则煤的膨胀性下降，并且在颗粒表面形成孔的数量减少，孔的直径变小。

表1 橄榄核的加压炭化半焦得率、堆密度、真密度和气化速率

压力/MPa	得率		堆密度/(g/cm^3)		d_{Hg}/(g/cm^3)	R/(%/h)
	10℃	510～850℃	510℃	850℃		
1.0	41.8	84.0	0.63	0.73	1.27	0.62
0.7	41.3	83.9	0.62	0.71	1.24	0.68
0.5	40.9	85.6	0.62	0.71	1.27	0.59
0.1	32.1	84.2	0.57	0.60	1.08	0.55

Khan等人研究了加压炭化时煤的热塑性[5, 6]，试验发现：和煤的常压炭化相比，在压力为2.8MPa时煤的膨胀性显著下降，而加压炭化时气体化学组成和常压

时没有显著区别，加热速度和颗粒度对煤热塑性的影响与常压炭化相同，当煤经过预氧化处理后，压力低于1MPa时，经氧化处理煤的膨胀性低于未处理煤的膨胀性；当压力高于2MPa时，经氧化处理的煤膨胀性高于未处理煤的膨胀性，这表明氧化处理改变了煤的热塑性。在压力0.1 ～ 2.9MPa范围内，对24种变质程度不同的煤热塑研究表明[7]：压力对煤热塑性的影响与煤的变质程度有关，对于各种变质程度不同的煤，最大膨胀系数随压力的增加而增加；煤的软化点随压力的升高有的下降、有的升高、有的保持不变，而煤软化后的固化温度随压力的升高而增加。

Griffin等人研究了温度、压力对烟煤热解的影响[7]，研究发现：当炭化温度高于700℃时，0.1 ～ 1MPa范围内，随着压力的增加，焦油产率下降，焦炭产率增加；在850 ～ 1233K温度范围内，1MPa炭化所得焦油平均分子量低于0.1MPa炭化的焦油分子量。这些研究均表明加压炭化和常压炭化有很大的区别，压力的变化对炭化过程有重要影响。

Leon 等人在高压7MPa、温度423℃下用氧浓度为4%的气体氧化处理烟煤时发现，高压有利于超微孔的扩大[8]。

Wu等人研究了澳大利亚烟煤的加压炭化焦炭结构[9]，试验研究发现：高压提高了煤炭化脱挥发分过程中的中间产物的流动性，焦炭的表面孔隙率随压力的升高而增加，高压炭化制的焦炭颗粒孔隙率较高。

Lee等人研究了碳纤维增强碳复合材料的加压炭化过程[10]，试验发现炭化温度为650℃时，压力对减小炭中的孔径是有利的，随着压力增加，炭中在炭化中形成的孔直径缩小。

焦油加压炭化处理和常压炭化处理制得的沥青性质也有很大差别[11]，试验表明，焦油在420℃、2.5MPa压力下处理2h蒸馏制的沥青和常压处理制的沥青相比性质有很大差别，沥青中α_2（喹啉可溶物）增加，焦油残渣收率提高，这主要是因为在高压情况下，强烈的缩聚和共聚反应使β组分（己烷不溶物）和γ组分（己烷可溶物）减少，沥青密度提高，最大气体排出温度移向高温区，气体排出温度范围扩大一倍，从而提高碳素制品质量。

含炭有机物的炭化过程是一个复杂的多相变化过程，影响炭化过程的参数除温度和升温速度外，压力也是炭化过程的重要影响参数，直接影响炭化产物的性质，但国内对我国煤加压炭化性质的研究还是个空白，未见公开文献报道，我们应积极开展这方面的研究工作，对开发高性能、多功能炭材料具有重要意义。

3　加压活化（气化）研究进展

活性炭生产工艺中的活化过程是用水蒸气、CO_2或O_2作活化剂，与碳在高温下进行如下化学反应[12]：

$$C + O_2 \longrightarrow CO_2 \quad (1)$$

$$C + CO_2 \longrightarrow 2CO \quad (2)$$

$$C + H_2O \longrightarrow CO + H_2 \quad (3)$$

$$C + 2H_2 \longrightarrow CH_4 \quad (4)$$

活性炭生产工艺中的活化原理与煤气化过程的原理相同，由于此反应为气固多相化学反应，因此压力同温度一样对此反应过程有重要影响，用于活性炭生产的加压活化研究比较少，但用于煤气化的加压气化研究得比较多，加压气化反应和常压气化反应不完全相同，气化所得气体组成差异较大，加压气化对形成固体产物孔隙结构也有一定影响。

加压气化条件下[13]促进反应（4）进行，气体组成中甲烷和CO_2有所增加，而CO和H_2相应下降，这主要是因为在加压条件下，有利于CH_4的生成，不利于CO_2的还原和水蒸气的分解；由于甲烷的生成反应为放热反应，减轻了炭燃烧供热的负担，因此减少了燃烧反应中碳和氧的消耗。随着气化压力的提高，CH_4生成量的增加，氧气的消耗量下降。

由于在加压气化条件下，CH_4生成量增加，氢气的消耗量增加，因而水蒸气的绝对需求量增加。加压条件不利于水蒸气的分解，因此加压气化水蒸气消耗量则增加，约比常压气化高2～3倍。在加压条件下，气体密度大，气化反应速度加快，有利于气化装置能力的提高。

活化反应不仅在半焦的外表面进行，而且深入到半焦的内表面进行，因此活化反应的速度不仅取决于化学反应速度，同时取决于反应物和生成物的扩散速度。

Roberts等人研究了焦炭与O_2、CO_2和H_2O加压的气化反应[14]，试验结果表明：在研究的压力变化范围内，焦炭与CO_2和H_2O的反应级数不是恒定的常数，但氧与焦炭的反应级数基本不受压力的影响，这3种气化反应的活化能不随反应压力升高而显著变化，但加压气化焦的比表面大于常压气化焦的比表面。这表明压力对加压活化的固体产物比表面和吸附性能有一定影响。

Neil 等人研究了氧与焦炭在700～850℃加压时的化学反应[15]，研究表明：气体压力对反应速度有重要影响，当气体压力低于0.5MPa时，表面反应速度随压力升高而增加，当气体压力高于0.5MPa时，表面反应速度随压力升高而降低；氧气浓度较高时，压力对反应速度的影响较显著。

Muhlen等人研究了焦炭与H_2、CO_2和水蒸气在900℃、加压时的化学反应[16]，研究结果见图1。从图1可以看出，在低压阶段H_2O和CO_2与焦炭的反应速度随压力升高而线性增加，当压力较高时，压力对反应速度影响较小，这表明压力对活化剂和炭的反应速率影响是有限的，并不是压力越高反应速率越快。

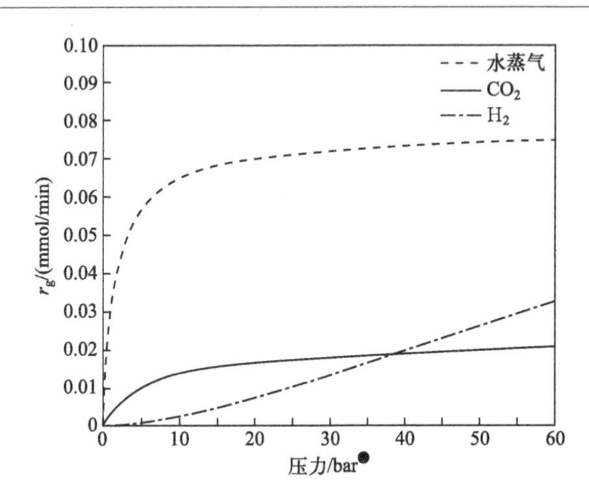

图1　压力对水蒸气、CO_2和H_2反应速率的影响

压力对活化或气化过程有显著影响，主要影响反应速度及气体组成，对加压气化或活化所形成的固体产物的孔隙结构也有一定影响，但未见系统研究的公开报道，深入进行这方面的研究，对制备高性能吸附材料具有重要意义。

4　结语

压力是炭化、活化过程的重要影响参数。加压炭化可以提高炭化产物的堆比重，减小孔隙的直径，压力对煤炭化过程的热塑性有重要影响；反应压力对活化（气化）化学反应速度有重要影响，并影响反应生成的气体组成。但目前关于加压活化对固体产物孔隙结构的影响研究得比较少，应加强这方面的基础研究工作，

❶　1bar=10^5Pa。

深入认识活化（气化）反应机理。这对探索高性能、多功能吸附炭材料制备方法具有重要意义。

参考文献

[1] 郭树才. 煤化工工艺学[M]. 北京：化学工业出版社，1992: 156-180.

[2] 黄律先. 木材热解工艺学[M]. 北京：中国林业出版社，1996: 201-221.

[3] Valero M A R, Escandell M M, Sabio M M, et al. CO_2 activation of olive stones carbonized under pressure[J]. Carbon, 2001, 39: 320-323.

[4] Lee C W, Scaroni A W, Jenkins R G. Effect of pressure on the devolatilization and swelling behaviour of softening coal during rapid heating[J]. Fuel, 1991, 70: 957-965.

[5] Khan M R, Jenkins R G. Thermoplastic properties of coal at elevated pressures 1: Evaluation of a high-pressure microdilatometer[J]. Fuel, 1984, 63: 109-115.

[6] Khan M R, Jenkins R G. Thermoplastic properties of coal at elevated pressures2: Low-temperature preoxidation of a pittsburgh seam coal[J]. Fuel, 1986, 65: 725-731.

[7] Griffin T P, Howard J B, Peters W A. Pressure and temperature effects in bituminous coal pyrolysis: experimental observations and a transient lumped-parameter model[J]. Fuel, 1994, 73: 591-601.

[8] Leon S, Klotzkin M, Gard G, et al. Enlargement of the micropores of a caking bituminous coal by controlled oxidation[J]. Fuel, 1981, 60: 673-676.

[9] Wu H W, Bryant G, Benfell K Y, et al. An experimental study on the effect of system pressure on char structure of an Australian bituminous coal[J]. Energy & Fuels, 2000, 14: 282-290.

[10] Lee Y J, Joo H J. Influence of pressure on the microstructure of carbon fiber reinforced carbon（CFRC）composites[C]. Organization Committee of Carbon. An international conference on carbon, Beijing. 2002: 15-19.

[11] 杨国华. 碳素材料[M]. 北京：中国物资出版社，1999: 30-41.

[12] 沙兴中. 煤的气化和应用[M]. 上海：华东理工大学出版社，1995: 90-120.

[13] 刘镜远. 合成气工艺技术与设计手册[M]. 北京：化学工业出版社，2002.

[14] Roberts D G, Harris D J. Char gasification with O_2, CO_2 and H_2O: Effects of pressure on intrinsic reaction kinetics[J]. Energy & Fuels, 2000, 14: 483-489.

[15] Neil S M, Basu P. Effect of pressure on char combustion in a pressurized circulating fluidized bed boiler[J]. Fuel, 1998, 77: 269-275.

[16] Muhlen H J, van Heek K H, Juntgen H. Kinetic studies of steam gasification of Char in the presence of H_2, CO_2 and CO[J]. Fuel, 1985, 64: 944-949.

2-2

压块破碎活性炭生产及吸附性能分析*

摘要：简要介绍了压块破碎活性炭原理，对压块破碎活性炭产品吸附性能进行了分析测试，结果表明：压块破碎活性炭亚甲蓝、装填密度指标较高，中孔数量较多，是性能优异的活性炭产品，适用于水处理等液相应用。

关键词：压块；活性炭；碘值；亚甲蓝

以煤为原料生产的煤基活性炭是我国产量最大的活性炭产品，但由于生产工艺落后，我国生产的煤基活性炭产品大部分为中、低档产品，难以满足国内外用户对活性炭产品性能的要求。

为了提高煤基活性炭产品性能，工业发达国家研制了压块破碎活性炭生产工艺技术，以煤为原料生产出高亚甲蓝、高装填密度的压块破碎活性炭产品，用于水处理，并大批量生产。目前世界活性炭产量约70万t，其中约50%～60%用于水处理，因此压块破碎活性炭有巨大的国内外应用市场。

我国压块破碎活性炭产品处于开发生产初期，产量不大，和国外产品相比性能还有一定差距。近几年，煤炭科学研究总院北京煤化学研究所和国内活性炭企业合作开展了以我国煤为原料生产压块破碎活性炭的研究工作，以我国煤为原料开发生产出多种优质压块破碎活性炭产品。

与常规活性炭方法生产的活性炭产品相比，压块破碎活性炭产品中孔数量多、亚甲蓝指标高，是一种优质活性炭，适用于水处理等液相应用领域。

1 压块破碎活性炭样品制备

压块破碎活性炭制备原料煤工业分析见表1，压块破碎活性炭生产工艺见图1。

---

* 本文发表在《煤炭科学技术》2000年第2期，作者还有李书荣、梁大明、王岭、张意颖、任永锐。

表1 原料煤工业分析结果 单位：%

原料煤	A_{ad}	V_{ad}	M_{ad}	C_{ad}
1	2.34	28.26	3.14	66.26
2	3.3	11.69	0.8	84.21

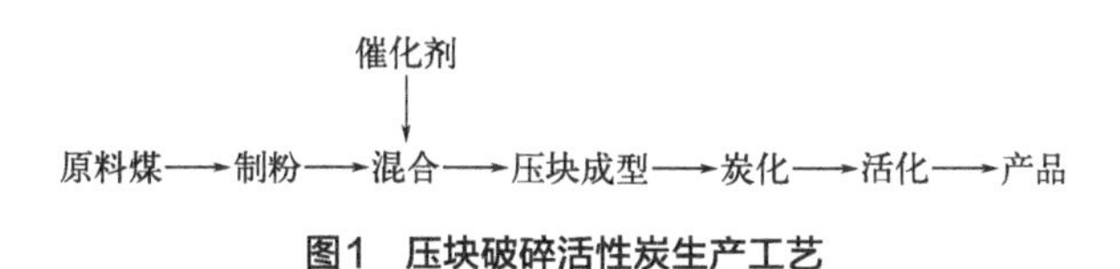

图1 压块破碎活性炭生产工艺

在压块活性炭生产工艺中，原料煤磨成＞180目的煤粉，然后调整产品粒度组成，加入煤炭科学研究总院北京煤化学研究所研制的Sh-1型催化剂，在压力＞250MPa的条件下压块成型，压成的煤块经炭化、活化，制成活性炭产品。

与常规破碎活性炭生产工艺相比，其主要区别是：压块破碎活性炭生产工艺增加了原料煤磨粉和高压成型，其炭化、活化等加工工艺与常规破碎活性炭生产工艺相同。

亚甲蓝、碘值和装填密度分别按国标GB 772.6—1987、GB 7702.7—1987、GB 7702.4—1977[1]进行检测，比表面、孔径分布采用低温氮吸附法进行测试，用BET方程进行计算。

2 结果及讨论

在压块破碎活性炭生产工艺中，原料煤性质、催化剂及加压成型是影响活性炭产品性能的关键因素。应研究以我国煤为原料生产出压块破碎活性炭产品，并试验研究出压块破碎活性炭生产用催化剂以提高活性炭产品性能。加压成型是影响活性炭产品性能的一个重要因素，为了生产高质量的压块破碎活性炭产品，压块成型压力不能小于250MPa。

用不同煤种采用压块活性炭生产工艺制备的活性炭产品分析测试结果见表2，采用常规破碎活性炭生产工艺制备的破碎活性炭见表3。比较表2、表3可以看出，虽然两种方法生产的活性炭比表面相当，但采用压块破碎工艺生产的活性炭

[1] 已废止。现行标准为GB 772.6—2008、GB 7702.7—2008、GB 7702.4—2008。

亚甲蓝及装填密度指标高，这表明采用压块破碎工艺生产的活性炭中孔数量较多、孔结构合理，适于液相吸附应用。这主要是因为压块破碎工艺提高了活性炭生产用原料煤的装填密度，改善了原料煤的孔隙结构，从而改善了活性炭产品的孔结构，提高了孔的利用率。

表2　压块破碎活性炭生产工艺条件及分析结果

原料煤	活化温度/℃	活化收率/%	碘值/(mg/g)	亚甲蓝/(mg/g)	装填密度/(g/L)	比表面积/(m^2/g)	孔容积/(mL/g)
1	900	30	1 071	270	389		
1	900	42	966	210	453		
1	900	38	1 056	240	448	910.0	0.50
2	900	40	1 072	255	510	1 001.0	0.51
2	900	45	1 034	240	537		
2	900	35	1 052	255	490		

表3　常规破碎活性炭生产工艺条件及分析结果

原料煤	活化温度/℃	活化收率/%	碘值/(mg/g)	亚甲蓝/(mg/g)	装填密度/(g/L)	比表面积/(m^2/g)	孔容积/(mL/g)
1	900	38	998	195	395	972.3	0.44
1	900	33	1 080	210	380	1 070	0.48

压块破碎活性炭和常规破碎活性炭孔径分布测试结果见图2、图3，可以看出，压块破碎生产的煤基活性炭产品半径10～30Å（$1Å=10^{-10}m$）的中孔比较多，具有这种孔结构的活性炭吸附速度快，孔的利用效率高，因此亚甲蓝指标高，适用于液相吸附，可吸附液相中的大分子化合物。

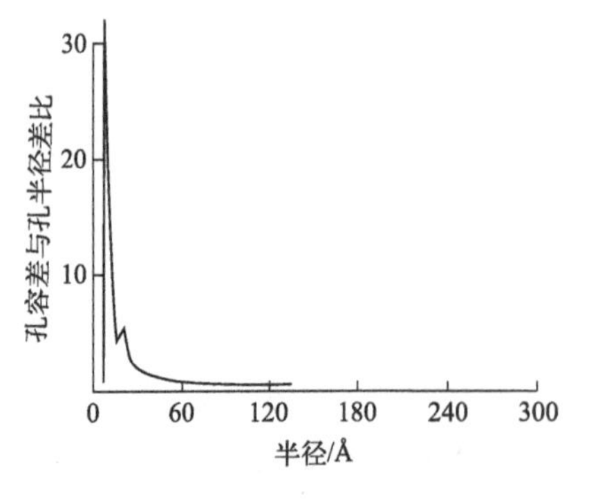

图2　压块破碎活性炭孔径分布

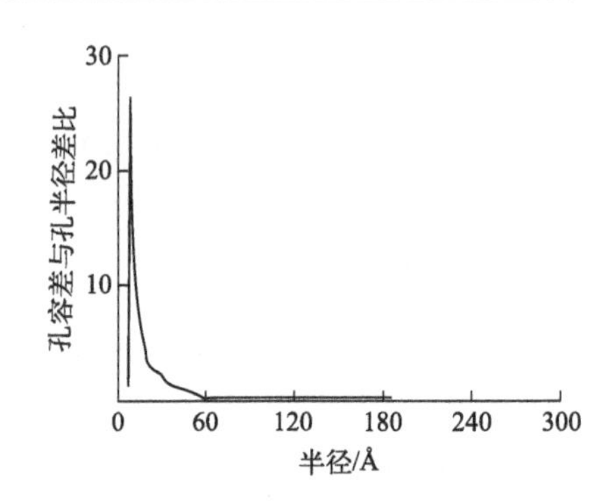

图3　常规破碎活性炭孔径分布

比较表2、表3可以看出压块破碎工艺生产的活性炭不仅吸附性能好，而且收率也不低，和常规破碎活性炭生产工艺相比，压块破碎活性炭生产工艺仅增加了磨粉、压块成型等工序，其生产成本略高于常规破碎活性炭生产方法，但其性能价格比高于常规破碎活性炭生产方法，因此压块破碎活性炭生产工艺是一种好的活性炭生产方法。这种活性炭生产技术在国内有广泛的应用市场。适用于生产压块破碎活性炭的煤种须为化学活性高、成型性能好、灰分含量低的煤，否则即使成型压力再高，也难于生产出高性能的压块活性炭产品。

3　结论

压块破碎活性炭亚甲蓝、装填密度等指标较高，中孔数量较多，适用于水处理等液相应用领域，是一种吸附性能优异的活性炭产品。压块破碎活性炭生产成本略高于常规破碎活性炭，但其性能价格比远远高于常规破碎活性炭，因此压块破碎活性炭在国内外有巨大的应用市场。

2-3 金属化合物对太西无烟煤制备活性炭的研究*

摘要：用密度法分离富集了太西无烟煤镜质组、丝质组，研究了金属化合物 NiO、Fe_2O_3等对太西无烟煤及富集的镜质组、丝质组制备活性炭吸附性能的影响。试验结果表明：加入NiO、Fe_2O_3等金属化合物可显著改善太西无烟煤及富集镜质组制备的活性炭吸附性能。其主要原因是NiO、Fe_2O_3等金属化合物具有催化活化反应的能力，改变了活化反应机理，从而改善了活性炭的孔结构，提高了活性炭的吸附性能。

关键词：金属化合物；无烟煤；活性炭

1 引言

煤基活性炭是我国生产的主要活性炭产品之一，广泛用于环保、水处理、冶金、化工等领域，和果壳活性炭等高档活性炭相比，我国煤基活性炭存在比表面积低、中孔数量少和吸附性能差等问题。

煤基活性炭吸附性能主要决定于原料煤性质及生产工艺等因素，在原料煤确定的条件下，生产工艺是影响活性炭吸附性能的主要因素。

煤基活性炭生产工艺主要包括原料煤处理、炭化、活化等过程。国内外的试验研究表明[1-4]：金属化合物对炭化、活化过程有重要影响，直接影响碳和水蒸气等活化剂的活化反应速度。

宁夏太西无烟煤是我国煤基活性炭生产的主要原料煤之一，以太西无烟煤为原料生产的煤基活性炭约占我国煤基活性炭总产量的60%。本文重点研究了NiO和Fe_2O_3等金属化合物对太西无烟煤制活性炭吸附性能的影响，试验发现在炭化、活化过程中加入NiO和Fe_2O_3等金属化合物可显著提高活性炭的吸附性能。

---

* 本文发表于《煤炭转化》2000年第3期，作者还有李书荣、陈鹏、梁大明、王岭，相关研究获得中国煤炭科技进步二等奖。

2 实验部分

2.1 原料煤及金属化合物

选用太西无烟煤，其煤岩显微组分及工业分析结果见表1。

表1 太西无烟煤煤岩显微组分及工业分析（质量分数）

样品	煤岩显微组分分析/%				工业分析/%			
	镜质组	半镜质组	丝质组	壳质组	M_{ad}	A_{ad}	V_{ad}	C_{ad}
太西无烟煤	69.3	5.9	24.8	0.0	1.31	2.52	7.03	89.14

采用密度法分离富集太西无烟煤煤岩显微组分。首先粉碎太西无烟煤，使其95%小于200目，然后加入比重液分选，用HITACHI20PR—52D型全自动高速离心机进行分离，分离的煤岩显微组分用蒸馏水反复冲洗，然后过滤干燥。分离富集太西无烟煤镜质组、丝质组煤岩显微组分定量分析结果见表2。试验的金属化合物为NiO、Fe_2O_3及二者按一定比例配制的混合物，混合物中加入一定量的催化剂助剂，分别用A、B和AB表示。各种金属化合物磨成粉后在成型过程中加入，加入量为原煤量的1%。

表2 太西无烟煤进行分离富集的镜质组和丝质组定量分析结果（质量分数）

显微组分	镜质组	半镜质组	丝质组	壳质组
镜质组	90.6	4.6	4.8	0.0
丝质组	11.6	7.2	81.2	0.0

2.2 活性炭样品制备及测试

活性炭样品制备工艺包括成型、炭化和活化等过程。成型采用卧式螺旋挤压机成型，加入煤焦油作为黏结剂，加入量为煤粉量的30%。炭化、活化均在小型外热式回转炉中进行，采用程序升温控制仪控制温度。炭化升温速度2℃/min，炭化终温600℃，恒温30min；活化温度为900℃，活化剂为过热水蒸气。碘值、亚甲蓝等活性炭吸附指标检测均按国标GB 7702.7—87、GB 7702.3—87进行，活性炭比表面采用低温氮吸附法测定，用二参数BET方程进行计算。

3 结果与讨论

在不同活化工艺条件下，以太西无烟煤为原料加金属化合物制备的活性炭试验结果见表3。从表3可以看出，在太西无烟煤中加入金属化合物后，对制备的活性炭吸附性能有显著影响，其中以加入AB金属化合物效果最好。在制备工艺相同的条件下，与没有加入金属化合物的太西无烟煤制活性炭性能相比，具有比表面积大、亚甲蓝指标高和中孔发达等特点。

表3 太西无烟煤制备活性炭试验结果

金属化合物	活化温度/℃	产率/%	活化时间/min	碘值/(mg/g)	亚甲蓝/(mg/g)	比表面积/(m^2/g)	孔容积/(cm^3/g)
—	900	56	90	1030	135	844	0.43
—	900	38	120	1077	165	—	—
A	900	45	90	1075	195	895	0.44
A	900	40	120	1122	255	1142	0.55
B	900	47.5	90	1100	210	927	0.47
B	900	22.5	120	1133	300	—	—
AB	900	40	90	1149	270	1176	0.56
AB	900	20	120	1188	330	—	—

煤不是均一物质，在显微镜下可分为镜质组、丝质组等显微组分，各种显微组分物理化学性质均有差异[5]。以分离富集的太西无烟煤镜质组为原料，加入金属化合物制备的活性炭试验结果见表4。从表4可以看出，在镜质组中加入金属化合物制备的活性炭吸附性能明显提高，其中以加入金属化合物AB效果最好。在分离富集的丝质组中加入同样的金属化合物，则效果不明显（见表5）。这表明太西无烟煤镜质组和丝质组化学性质不同。由于制备活性炭的原料性质对活性炭的吸附性能具有重要影响，因此在活性炭制备中加入的金属化合物，应根据制备活性炭的原料性质进行选择，否则即使加入金属化合物也难以提高活性炭的吸附性能。

表4 太西无烟煤分离富集镜质组制备活性炭试验结果

金属化合物	活化温度/℃	产率/%	活化时间/min	碘值/(mg/g)	亚甲蓝/(mg/g)	比表面积/(m^2/g)	孔容积/(cm^3/g)
A	900	39	90	1050	210	863	0.42
A	900	32.5	120	1101	255	992	0.53
B	900	42	90	1083	210	828	0.44
B	900	32	120	1142	285	1141	0.56

续表

金属化合物	活化温度/℃	产率/%	活化时间/min	碘值/(mg/g)	亚甲蓝/(mg/g)	比表面积/(m^2/g)	孔容积/(cm^3/g)
AB	900	25	90	1180	330	1254	0.64
AB	900	22.5	120	1179	345	1238	0.70

表5 太西无烟煤分离富集丝质组制备活性炭试验结果

催化剂	活化温度/℃	产率/%	活化时间/min	碘值/(mg/g)	亚甲蓝/(mg/g)	比表面积/(m^2/g)	孔容积/(cm^3/g)
A	900	30.5	90	1048	225	881	0.45
A	900	20	120	1076	270	946	0.50
B	900	44	90	1033	195	780	0.40
B	900	30	120	1100	270	963	0.50
AB	900	45	90	995	180	837	0.42
AB	900	37.5	120	1087	270	994	0.50

物理活化法制备活性炭生要靠原料中碳与水蒸气、二氧化碳等活化剂发生不完全氧化反应，煤中活性高的碳与活化剂反应，反应后的固体物中形成各种各样的孔隙，使比表面积增大而具有吸附性能。在活性炭制备的活化工艺过程中主要发生以下化学反应：

$$C + H_2O \longrightarrow H_2 + CO \tag{1}$$

$$C + CO_2 \longrightarrow 2CO \tag{2}$$

国内外的试验研究表明[4]，许多金属化合物对反应（1）和反应（2）具有催化作用，即当有金属化合物参与反应时，加快了化学反应速度，改变了其化学反应机理，使原来不能形成孔隙的碳化合物发生化学反应，形成孔隙，使活性炭的比表面积增加，孔结构发生变化，吸附性能提高，加入的金属化合物实际上是活化反应的催化剂，只有加入具有催化反应（1）和反应（2）能力的金属化合物，才能改变活性炭的孔隙结构，提高活性炭的吸附性能，否则，即使加入金属化合物，也难以改善和活性炭的吸附性能。活性炭吸附性能的提高与加入的金属化合物的性质及种类有关。由于生产活性炭的原料中碳的结构及性质不同，因此随着原料中碳性质的变化，能催化反应（1）和反应（2）的金属化合物也不相同，因此加入的金属化合物也应随之改变，否则即使加入金属化合物也不能提高活性炭的吸附性能，反而增加活性炭产品的灰分。

从表3和表4可以看出，加入AB金属化合物可以显著提高活性炭吸附性能，这主要是因为AB金属化合物具有催化反应（1）和反应（2）的功能。

4 结论

在太西无烟煤或分离富集的镜质组中加入AB金属化合物可以显著提高活性炭产品吸附性能；其主要原因是AB金属化合物具有催化活化反应的能力，改变了活化反应机理，从而改善了活性炭的孔结构，提高了活性炭的吸附性能。

参考文献

[1] Figueirdo J A, Rivera-Utrilla J, Ferro-Garcia M A. Gasification of active carbons of different texture impregnated with nickel, cobalt and iron [J]. Carbon, 1987, 25 (5): 703-708.

[2] Matsumoto S, Philip L, Walker J R. Char gasification in steam at 1123 K catalyzed by K, Na, Ca, and Fe-effect of H_2, H_2S and COS [J]. Carbon, 1986, 24 (3): 277-285.

[3] 富田彰，大冢康夫，宝田恭之. 关于褐煤的催化气化研究[J]. 燃料化学学报，1988, 16 (2): 111-117.

[4] 埃利奥特. 煤利用化学：下册[M]. 高建辉，等译. 北京：化学工业出版社，1991: 93-100.

[5] 周师唐. 应用煤岩学[M]. 北京：冶金工业出版社，1985: 118-124.

2-4 太西超纯煤制备活性炭试验研究*

摘要：对以太西无烟煤为原料生产的太西超纯煤制备活性炭性能进行了试验研究，结果表明，以太西无烟煤为原料可制得亚甲蓝大于240mg/g的低灰优质活性炭产品。

关键词：超纯煤；活性炭；制备

活性炭是一种广泛应用于水处理、空气净化、溶剂回收及环境保护等领域的炭质吸附材料，而且随着经济发展及人民生活水平的提高，其需求量越来越大，是现代社会不可缺少的炭质吸附材料。

用于生产活性炭的原料种类很多，木材、果壳及煤等均可用于生产活性炭。由于煤炭资源丰富，来源稳定可靠，因此，以煤为原料生产的活性炭产量逐年增加，是中国目前产量最大的活性炭产品，但由于中国生产活性炭用原料煤灰分普遍较高，因此造成中国煤基活性炭产品灰分高，吸附性能差，在国际市场上缺乏竞争力。

近年来，石炭井矿务局与国内有关单位合作开发研制了新型煤炭洗选脱灰脱硫技术，以太西无烟煤为原料生产超纯煤。超纯煤的灰分一般为2.3%左右，有时甚至降到2%以下。从煤的灰分含量来讲，这是一种生产活性炭的优质原料煤，但煤经过这种洗选处理后，其生产活性炭的性能是否有影响难以确定。因此，对太西超纯煤制备活性炭性能进行了试验研究。试验研究结果表明，以太西超纯煤为原料，采用传统物理活化工艺，可生产出中孔较发达，吸附性能优异（亚甲蓝大于240mg/g）的活性炭产品。

1 太西超纯煤煤质特征

太西超纯煤是优质太西无烟煤经特殊洗选工艺加工而成的一种低灰、低硫超纯

---

* 本文发表于《洁净煤技术》1999年第2期，作者还有梁大明、袁国君、李桂林、白抚新、严国辉。

煤，其分析结果见表1。从表1可以看出，太西超纯煤灰分低于太西煤，从煤岩显微组分分析结果（表2）可以看出，太西超纯煤镜质组含量较高。因此，从煤质分析结果来看，和太西无烟煤相比，太西超纯煤是一种更好的生产活性炭原料用煤。

表1　煤质分析化验结果　　单位：%（质量分数）

样品名称	A_{ad}	V_{ad}	FC_{ad}	M_{ad}	$S_{t,ad}$	C_{ad}	H_{ad}	O_{ad}	P_{ad}	Cl_{ad}	N_{ad}
太西超纯煤	2.38	8.07	89.19	0.36	0.13	91.87	3.62	0.87	0.005	0.02	0.77
太西洗精煤	3.66	8.53	87.59	0.22	0.13	90.39	3.74	1.12	0.004	0.014	0.74

表2　太西超纯煤煤岩显微组分分析结果　　单位：%（质量分数）

镜质组	半镜质组	丝质组	稳定组
69.3	5.9	24.8	—

2　活性炭生产工艺选择

活性炭生产工艺有许多种，当活性炭生产用原料不同或活性炭产品种类不同时，活性炭生产工艺有很大差别。

目前中国以煤为原料的活性炭生产主要采用物理活化法。到目前为止，在宁夏已建成40多家以太西无烟煤为原料生产柱状活性炭的煤基活性炭厂，这些厂均以煤焦油作黏结剂，挤条成型，经炭化、活化等工艺过程加工处理后制成活性炭产品。炭化采用内热式回转炭化炉，活化采用20世纪50年代从苏联引进的斯列普活化炉。

为了利用宁夏活性炭厂现有的工业生产装置，对太西超纯煤制备活性炭的试验研究选用物理活化生产工艺，以便使太西超纯煤尽快在宁夏活性炭厂中广泛推广应用，提高宁夏煤基活性炭产品质量，增强宁夏煤基活性炭产品在国内外市场上的竞争力。采用的试验工艺流程为：原煤→制粉→捏合→成型→干燥→炭化→活化→产品。

3　主要试验设备及试验方法

主要试验设备有：球磨机、震筛机、捏合机、卧式螺旋挤压成型机、烘箱、外热式回转炭化炉、外热式回转活化炉、强度仪、比表面吸附仪。

制备活性炭的炭化试验和活化试验在外热式炭化、活化回转炉中进行，升温速度及温度可精确控制，每次试验装料量100 ～ 600g，活化时水蒸气流量用计量泵精确控制。

碘值、亚甲蓝、四氯化碳、比表面积等项目检测均按中国活性炭国家检测标准进行。

丁烷有效吸附工作容量（BWC）测试方法是：在空速$600h^{-1}$、温度25℃的条件下吸附丁烷15min，然后用空气解吸20min，吸附量减去残留量就是丁烷有效吸附工作容量。

4 太西超纯煤成型及炭化试验研究

为了考察温度对太西超纯煤性质变化的影响，对太西超纯煤及太西无烟煤进行了TG热重分析，主要分析数据见表3。

表3 TG热重分析结果

名称	900℃失重/%	开始分解温度/℃	最大失重温度/℃	最大失重速度/（μg/min）
太西无烟煤	12.6	531	692.2	96
太西超纯煤	10.3	556	660	44

TG热重分析结果表明，随着温度升高，太西超纯煤和太西无烟煤热失重变化基本相同，当温度高于500℃时，热失重速度加快，这表明太西煤经洗选、脱灰处理后热性质没有发生本质性的变化，因此可以参照太西无烟煤炭化工艺条件确定太西超纯煤的炭化工艺条件，炭化终温应在500 ～ 650℃之间，具体炭化终温应在试验后确定。

太西超纯煤在煤的洗选过程中已磨成0.104mm左右的煤粉，此煤粉直接用于生产活性炭将影响活性炭产品的物理性能，因此又在试验室对煤粉进行了研磨，使其达到98%通过0.074mm筛的水平，成型黏结剂用焦油，试验了以下3个配方：

a.煤粉：焦油：水＝7：2：1；

b.煤粉：焦油：水＝7：3：1；

c.煤粉：焦油：水＝7：4：1。

配方a挤条成型非常困难，采取了各种措施，挤条机均难以正常运转。这主要是因为焦油配入量太少，因此成型试验时仅选用配方b、c。

按配方b、c挤压成型制条，在不同炭化温度下制得活性炭吸附性能见表4。从表4可以看出，按成型配方b和c在不同炭化终温条件下制备的活性炭产品吸附性能及强度基本相同。因此，在工业生产中为节省煤焦油可采用配方b，此成型配方和目前宁夏活性炭厂采用的成型配方基本相同，表明太西无烟煤经洗选加工制成超纯煤后其成型性能基本没有变化。

表4 炭化温度对活性炭吸附性能的影响

成型配方	炭化升温速度 /(℃/min)	炭化温度 /℃	炭化收率 /%	活化收率 /%	碘值 /(mg/g)	强度 /%
b	5	500	73.3	60	980	98.0
	5	550	74.2	58	1020	—
	5	650	73.2	57	1011	—
c	5	500	71.2	59	972	97.1
	5	550	70.8	61	1000	—
	5	650	70.2	58	990	—

在成型配方相同、升温速度恒定的条件下，在本试验选定的温度范围内不同炭化终温对最终活性炭产品吸附性能变化没有显著影响，因此本试验研究确定炭化终温600℃，升温速度5℃/min，达到炭化终温后保温30min。

5 物理活化法制备活性炭试验研究

在原料煤成型和炭化工艺条件确定以后，活化工艺条件是影响活性炭质量及吸附性能最重要的因素，因此活化工艺条件对活性炭生产至关重要。太西超纯煤在不同活化工艺条件下制备活性炭试验结果见表5。

表5 太西超纯煤物理活化法制备活性炭试验结果

序号	温度 /℃	时间 /h	收率 /%	灰分 /%	四氯化碳 /%	亚甲蓝 /(mg/g)	碘值 /(mg/g)	比表面积 /(m^2/g)	BWC /(g/100mL)
1a	800	2	—	—	—	—	—	—	—
2a	800	2.5	59	—	50	140	—	—	—
3a	850	2	60	3.4	72	150	1025	854	—
4a	850	3	40	7.64	77.5	270	144	—	—

续表

序号	温度/℃	时间/h	收率/%	灰分/%	四氯化碳/%	亚甲蓝/(mg/g)	碘值/(mg/g)	比表面积/(m^2/g)	BWC/(g/100mL)
5a	900	2	35	6.6	89.1	315	1147	—	5.7
6a	900	1.5	47	5.4	74.6	270	1138	1151.1	—
7a	900	1	60	—	50.2	130	1020	—	—

表6为太西无烟煤制备活性炭试验结果，比较表5、表6可以看出，以太西超纯煤为原料制得活性炭产品吸附性能优于太西无烟煤制活性炭产品，尤其是活性炭的亚甲蓝指标比目前太西无烟煤制活性炭产品高很多，而且加工同样吸附性能的活性炭产品，所需活化时间较短。这意味着以超纯煤为原料生产活性炭，通过优化活化工艺条件不仅可提高活性炭的吸附性能，而且可提高活化炉的活性炭产量，降低生产成本。

表6 太西无烟煤物理活化法制备活性炭试验结果

序号	温度/℃	时间/h	收率/%	亚甲蓝/(mg/g)	碘值/(mg/g)	比表面积/(m^2/g)
1b	850	5	31	210	1140	—
2b	850	4	54	135	819	—
3b	900	4	38	165	1077	—
4b	900	3	59	—	884	941

从上述试验结果可以看出，如果目前在宁夏煤基活性炭厂中推广应用太西超纯煤，则可以提高宁夏煤基活性炭产品质量和吸附性能。因此，可以认为太西超纯煤是生产活性炭的优质原料煤。但太西超纯煤采用传统物理活化法制备的活性炭BWC指标仍较低，表明这种活性炭产品和目前以太西无烟煤为原料生产的活性炭相比，中孔数量虽有提高，但仍较少，没有达到高档活性炭产品所要求的中孔数量。因此用物理活化法，以超纯煤为原料，难以生产出目前市场上畅销的高档溶剂回收用活性炭产品。

6 结论

（1）以太西无烟煤为原料制备的太西超纯煤是一种低灰的优质无烟煤，就煤质而言，是一种优质的生产活性炭原料煤。

（2）以太西超纯煤为原料采用传统的物理活化法，优化生产工艺可生产出微孔发达、中孔较丰富、亚甲蓝指标较高、灰含量低，而且物理性能好的活性炭产品，和以太西无烟煤为原料生产的活性炭相比具有亚甲蓝指标高、活化时间短等显著特点。

2-5

太西无烟煤镜质组、丝质组制备活性炭试验研究*

摘要：本文用密度法分离富集了太西无烟煤镜质组、丝质组，研究了太西无烟煤镜质组、丝质组制备活性炭的性能。以富集的太西无烟煤镜质组、丝质组为原料，经成型、炭化、活化等过程，制成活性炭。分析测试结果表明：由于显微组分成因及化学性质不同，太西无烟煤镜质组制备的活性炭性能优于丝质组，可制备比表面积>1600m^2/g的优质活性炭产品。

关键词：无烟煤；镜质组；丝质组；活性炭

1 前言

太西无烟煤是中国特有、世界少有的优质无烟煤，具有低灰、低磷、高反应性等特点。近十几年的活性炭工业生产证明：太西无烟煤是我国生产微孔发达、高吸附性能活性炭的最佳原料煤。以太西无烟煤为原料生产的活性炭具有比表面积大、吸附容量高、强度好和价格低等特点，产品远销欧、美、日等发达国家和地区，是我国活性炭主要出口产品。自1985年煤炭科学研究总院北京煤化学研究所设计建成宁夏回族自治区第一家以太西无烟煤为原料的煤基活性炭厂以来，以太西无烟煤为原料生产活性炭得到迅速发展，仅在宁夏回族自治区就形成了4万t/a生产能力，每年生产各种活性炭3万t左右，约占全国活性炭总产量的1/3。但由于原料煤性质的限制，以太西无烟煤为原料生产的活性炭存在中孔数量少、脱附性能差等缺点。如何进一步改善、提高太西无烟煤制活性炭产品性能，扩大活性炭应用领域，是我国活性炭生产发展急需解决的问题之一。

煤是由植物经过复杂的化学变化而生成的结构复杂的混合物，在显微镜下可

* 本文发表于《新型炭材料》2000年第2期。作者还有李书荣、陈鹏、梁大明、王岭。

分为镜质组、丝质组、壳质组等煤岩显微组分。国内外试验研究表明[1]：各种煤岩显微组分工艺性能（如黏结性、化学反应性、膨胀性等）不同。深入研究各种煤岩显微组分制备活性炭的性质，对认识不同性质的煤种制备活性炭性能具有重要意义。

为了进一步提高太西无烟煤制活性炭产品性能，本文分离富集了太西无烟煤镜质组、丝质组等显微组分，在国内外首次研究了太西无烟煤煤岩显微组分制备活性炭性能，以分离富集的镜质组为原料，采用物理活化法在实验室研制出比表面>1600m²/g、中孔发达的优质活性炭。试验结果表明煤岩显微组分分离制备活性炭是生产优质活性炭的好方法。

2 试验方案

2.1 原料煤及煤岩显微组分分离富集

试验选用的太西无烟煤煤岩显微组分分析、工业分析及灰分分析见表1、表2，表中数据为质量分数。

表1 太西无烟煤煤岩显微组分及工业分析

样品	镜质组/%	半镜质组/%	丝质组/%	壳质组/%	M_{ad}/%	A_{ad}/%	V_{ad}/%	C_{ad}/%
Taixi anthr.	69.3	5.9	24.8	0.0	1.31	2.52	7.03	89.14

表2 太西无烟煤灰分分析

SiO_2/%	Al_2O_3/%	TiO_2/%	Fe_2O_3/%	CaO/%	MgO/%	Na_2O/%	K_2O/%	SO_3/%	P_2O_5/%
31.32	27.52	1.06	20.20	6.98	2.58	3.74	0.74	3.95	0.31

从表1、表2可以看出，太西无烟煤灰分含量低，灰分中SiO_2、Al_2O_3含量较高。

采用密度法分离太西无烟煤煤岩显微组分。首先把太西无烟煤粉碎，使其95%小于200目，然后加入比重液分选，用HITACHI20PR-52D型全自动高速离心机进行分离，分离的煤岩显微组分用蒸馏水反复冲洗，然后过滤干燥。用德国产ORTHOLUX II POL-BK型光学显微镜对煤岩显微组分进行定量分析，分离的煤岩显微组分工业分析及灰分分析结果见表3、表4，表中数据为质量分数。

表3 富集太西无烟煤镜质组、丝质组工业分析结果

显微组分	M_{ad}/%	A_{ad}/%	V_{ad}%	C_{ad}/%
富集镜质组	1.64	0.90	7.46	90.0
富集丝质组	2.40	3.56	7.22	86.82

表4 富集太西无烟煤镜质组、丝质组灰分分析结果

显微组分	SiO_2/%	Al_2O_3/%	TiO_2/%	Fe_2O_3/%	CaO/%	MgO/%	Na_2O/%	K_2O/%	SO_3/%	P_2O_5/%
富集镜质组	33.04	30.92	2.20	15.02	4.04	1.13	3.78	0.91	1.32	0.34
富集丝质组	30.00	25.66	0.81	20.30	5.73	2.49	2.87	0.62	2.85	0.26

2.2 活性炭样品制备及测试

活性炭样品制备工艺包括成型炭化、活化等过程。成型采用卧式螺旋挤压机，加入30%的煤焦油作为黏结剂。炭化、活化均在小型外热式回转炉中进行，采用程序升温控制仪控制温度。

炭化升温速度2℃ /min，炭化终温600℃，恒温30min；活化温度为900℃，活化剂为过热水蒸气。

碘值、亚甲蓝等活性炭吸附指标检测均按国标GB 7702.7—87，GB 7702.3—87进行。活性炭比表面采用低温氮吸附法测定，用BET吸附等温方程进行计算。

3 结果及讨论

分离富集的太西无烟煤镜质组、丝质组煤岩显微组分定量分析结果见表5，表中数据为质量分数。

表5 太西无烟煤分离富集的镜质组、丝质组定量分析结果

显微组分	镜质组/%	半镜质组/%	丝质组/%	壳质组/%
富集镜质组	90.6	4.6	4.8	0.0
富集丝质组	11.6	7.2	81.2	0.0

从表5可以看出，采用密度法可有效分离富集太西无烟煤煤岩显微组分。分离富集的镜质组中镜质组含量>90%，分离富集的丝质组中丝质组含量>80%，和原煤相比，煤岩显微组分均得到有效分离和富集。

以分离富集的太西无烟煤镜质组、丝质组为原料，在不同的活化工艺条件下制备出的活性炭试验结果见表6。活性炭孔径分布测试结果见图1、图2，图中r为孔半径，dV/dr为孔容对孔半径的微分值。

表6　太西无烟煤富集镜质组、丝质组制备活性炭试验结果

样品	活化温度/℃	产率/%	灰分/%	碘值/(mg/g)	亚甲蓝/(mg/g)	比表面积/(m^2/g)	孔容积/(cm^3/g)
富集镜质组	900	49	3.26	1102	195	1004	0.52
富集镜质组	900	43	3.94	1132	255	1168	0.68
富集镜质组	900	30.5	4.13	1187	300	1326	0.78
富集镜质组	900	11	10.25	1207	345	1645	1.07
富集丝质组	900	52.5	6.93	1047	165	793	0.39
富集丝质组	900	42.5	8.54	1062	195	994	0.49
富集丝质组	900	32.5	9.92	1111	255	1108	0.59
富集丝质组	900	30	10.35	1141	285	1235	0.65

从表6可以看出，富集的镜质组、丝质组在一定工艺条件下均可以制备出性能优异的活性炭产品。在活化工艺条件基本相同的条件下，以富集的镜质组为原料制备的活性炭比表面积高、吸附性能好，这和镜质组、丝质组的生成条件及化学性质有关。

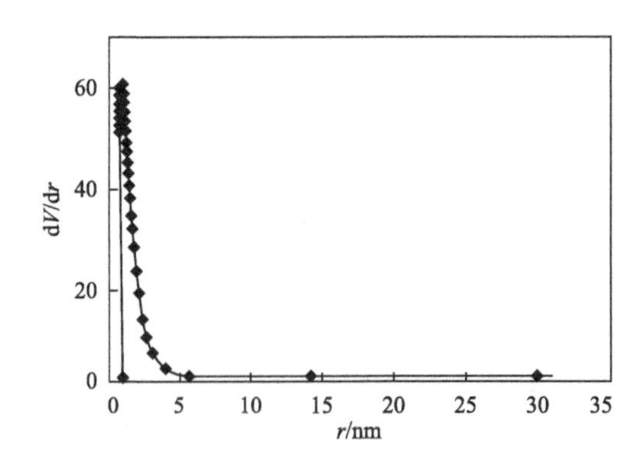

图1　太西无烟煤镜质组制备活性炭孔径分布图

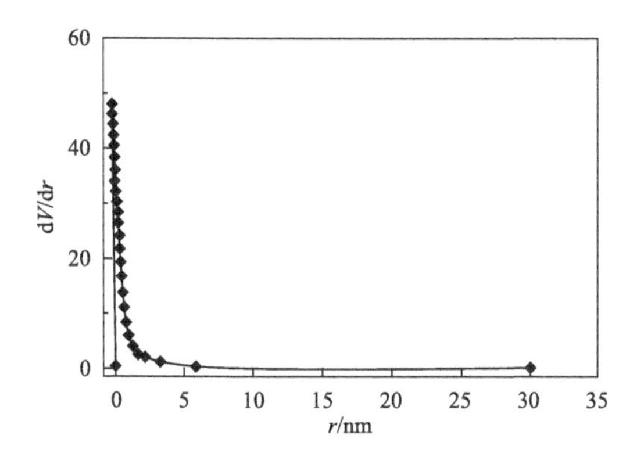

图2　太西无烟煤丝质组制备活性炭孔径分布图

煤是远古时期的植物经复杂的地质变化和化学变化形成的。煤中镜质组和丝质组是植物组织在不同的聚集环境中生成的。一般认为镜质组在气流闭塞、积水较深的沼泽环境下生成，植物的纤维素和木质素在物理化学性质上都属于凝胶体，具有很强的吸水能力，死亡植物的木质纤维组织在还原环境下分解，细胞壁不断吸水膨胀，细胞腔逐渐缩小，以致完全失去细胞结构，形成镜质组分。

丝质组成因比较复杂，一般认为有两种：一种是由于森林失火而形成，另一种是因为植物木质部分受到真菌的腐化分解作用而形成。此外，也有人认为丝质组是凝胶化物质经氧化而生成的。

一般认为煤的镜质组的基本结构单元是一个稠环芳香层，含有一定数量的杂环、脂环和脂肪族侧链；而丝质组的基本结构单元中杂环少，非芳香碳少，但碳含量很高。

由于煤中显微组分镜质组、丝质组生成环境不同，其分子结构有差异，因此其化学性质及工艺性质不同。许多研究表明原料性质对活性炭吸附性能有重要影响，以不同性质的煤为原料可制备吸附性能不同的活性炭产品。因此以不同化学性质的煤岩显微组分为原料制备的活性炭吸附性能也不相同。

本文试验结果表明，太西无烟煤的镜质组制备活性炭的吸附性能优于丝质组。这也表明煤不是均一物质，采用分离富集的方法，将煤中制备活性炭性能优异的部分分离富集出来，在生产工艺相同的条件下，可显著提高制备的活性炭性能。因此采用煤岩分离富集处理活性炭生产用原料煤是一种改善提高活性炭性能的好方法。由于这种煤岩分离使活性炭生产成本增加不是很多，但却使活性炭吸附性能显著提高，因此这种活性炭生产方法具有良好的工业发展前景。

4 结论

采用密度法可有效分离富集太西无烟煤的煤岩显微组分；太西无烟煤煤岩显微组分中镜质组、丝质组制备活性炭的性能不同。试验结果表明：在生产工艺基本相同条件下，由太西无烟煤镜质组制备的活性炭比表面积大、中孔发达、吸附性能好，其制备活性炭性能优于丝质组，煤岩显微组分分离富集制备活性炭是提高活性炭性能的有效方法。

参考文献

[1] 周师庸. 应用煤岩学[M]. 北京：冶金工业出版社，1985: 118.

2-6

大同烟煤镜质组、丝质组制备活性炭试验研究*

摘要：用密度法分离富集了大同烟煤镜质组和丝质组，研究了大同烟煤镜质组和丝质组制备活性炭性能。以富集的镜质组和丝质组为原料，经成型、炭化和活化等过程，制成活性炭。分析测试结果表明：由于成因及显微组分的化学性质不同，大同烟煤镜质组制备的活性炭亚甲蓝指标高于丝质组，表明由大同烟煤镜质组制备的活性炭中孔发达。

关键词：烟煤；镜质组；丝质组；活性炭

大同烟煤不仅是我国优质的动力煤，而且是我国生产活性炭的宝贵原料煤。经过十几年的发展，在大同地区建成我国重要的煤基活性炭生产基地，以大同烟煤为原料生产的破碎颗粒活性炭远销欧、美、日等工业发达国家和地区，是我国活性炭主要出口产品之一。

但由于原料煤性质的限制，以大同烟煤为原料生产的活性炭存在比表面积低和装填密度低等缺点。进一步改善和提高大同烟煤制活性炭产品性能，扩大其应用领域，是我国活性炭生产发展急需解决的问题之一。

煤是由植物经过复杂的化学变化生成的结构复杂的混合物，在显微镜下可分为镜质组、丝质组和壳质组等煤岩显微组分。国内外学者的试验研究表明[1]：各种煤岩显微组分工艺性能如黏结性、化学反应性和膨胀性等不同。深入研究煤岩显微组分的性质，对认识不同性质的煤种制备活性炭的性能具有重要意义。为进一步提高大同烟煤制备的活性炭产品性能，对大同烟煤进行了煤岩显微组分分离，富集了大同烟煤镜质组和丝质组等显微组分，试验研究了制备活性炭的性能，在实验室研制出亚甲蓝指标高、中孔发达的活性炭。试验结果表明煤岩显微组分分离制备活性炭是提高活性炭性能的有效方法。

* 本文发表于《煤炭学报》2000年第3期。作者还有李书荣、陈鹏。

1 试验方案

1.1 原料煤及煤岩显微组分分离

试验选用的大同烟煤工业分析及烟煤灰成分分析见表1和表2。

表1 大同烟煤煤岩显微组分及工业分析 单位：%

煤岩显微组分分析				工业分析			
镜质组	半镜质组	丝质组	壳质组	M_{ad}	A_{ad}	V_{ad}	FC_{ad}
67.5	19.3	39.4	3.2	3.14	2.34	28.26	66.26

表2 大同烟煤灰成分分析 单位：%

$w(SiO_2)$	$w(Al_2O_3)$	$w(TiO_2)$	$w(Fe_2O_3)$	$w(CaO)$	$w(MgO)$	$w(Na_2O)$	$w(K_2O)$	$w(SO_3)$	$w(P_2O_5)$
37.83	17.59	0.92	33.96	4.19	3.50	0.69	0.12	2.05	0.01

从表1和表2可以看出，大同烟煤为年轻烟煤，灰分中SiO_2、Fe_2O_3含量较高。

采用密度法分离大同烟煤煤岩显微组分，首先把大同煤粉碎，使其95%小于200目，然后加入比重液分选，用HITACHI20PR-52D型全自动高速离心机进行分离，分离的煤岩显微组分用蒸馏水反复冲洗，然后过滤干燥。

用ORTHOLUXⅡPOL-BK型光学显微镜对煤岩显微组分进行定量分析，分离的煤岩显微组分灰分分析结果见表3。

表3 大同烟煤分离富集的镜质组、丝质组灰分分析结果

项目	$w(SiO_2)$	$w(Al_2O_3)$	$w(TiO_2)$	$w(Fe_2O_3)$	$w(CaO)$	$w(MgO)$	$w(Na_2O)$	$w(K_2O)$	$w(SO_3)$	$w(P_2O_5)$
富集镜质组	36.36	21.26	1.92	30.81	2.23	0.43	0.94	0.24	0.58	0.06
富集丝质组	31.86	14.24	0.50	41.32	1.40	0.33	0.54	0.27	0.02	0.07

1.2 活性炭样品制备及测试

活性炭样品制备工艺包括成型、炭化和活化等过程。成型采用卧式螺旋挤压机，加入30%的煤焦油作为黏结剂。炭化、活化均在小型外热式回转炉中进行，采用程序升温控制仪控制温度。

炭化升温速度2℃ /min，炭化终温600℃，恒温30min；活化温度为850℃，

活化剂为过热水蒸气。

碘值、亚甲蓝等活性炭吸附指标检测均按国标GB 7702.7—87，GB 7702.3—87进行，活性炭比表面采用低温氮吸附法测定，用BET吸附等温方程进行计算。

2 结果及讨论

分离富集的大同烟煤镜质组、丝质组煤岩显微组分定量分析结果见表4。

表4 大同烟煤分离富集的镜质组、丝质组煤岩显微组分及工业分析结果

项目	煤岩显微组分分析				工业分析			
	镜质组	半镜质组	丝质组	壳质组	M_{ad}	A_{ad}	V_{ad}	FC_{ad}
富集镜质组	88.0	4.3	6.7	1.0	3.35	1.32	34.53	60.8
富集丝质组	19.6	7.7	71.8	0.9	3.74	6.42	25.74	64.1

从表4可以看出，采用密度法可有效分离富集大同烟煤煤岩显微组分。分离富集的镜质组中镜质组含量>85%，分离富集的丝质组中丝质组含量>70%，和原煤相比，采用密度法大同烟煤煤岩显微组分均得到有效分离和富集。

以分离富集的大同烟煤镜质组和丝质组为原料，在850℃的活化温度条件下，制备的活性炭分析测试结果见表5。活性炭孔径分布测试结果见图1，图中r为孔半径，dV/dr为孔容对孔半径的微分值。

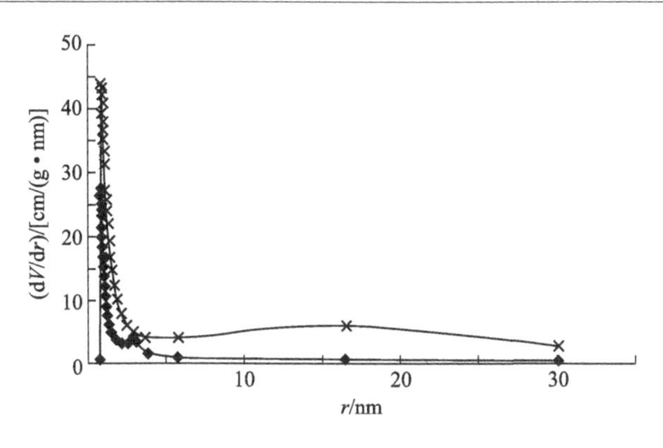

图1 大同烟煤丝质组和镜质组制备活性炭孔径分布

◆——丝质组制备活性炭孔径分布；×——镜质组制备活性炭孔径分布

表5 大同烟煤富集镜质组、丝质组制备活性炭试验结果

名称	得率/%	灰分/%	碘值/(mg/g)	亚甲蓝/(mg/g)	比表面积/(m^2/g)	孔容积/(cm^3/g)
富集镜质组	50.0	4.7	1068	225	958	0.49
	42.5	7.7	1053	240	973	0.54
	35.0	6.6	1110	300	1194	0.69
	31.5	6.5	1139	315	1074	0.59
富集丝质组	50.0	10.6	930	150	706	0.40
	48.0	14.8	983	195	868	0.45
	45.0	14.9	994	195	867	0.45
	32.6	20.5	1061	270	1152	0.64

从表5可以看出，无论镜质组还是丝质组均可以制备出性能优异的活性炭产品，而且随着收率的降低，制备的活性炭比表面积、碘值、亚甲蓝和孔容积增加。在活化工艺条件基本相同的条件下，以富集的镜质组为原料制备的活性炭，中孔发达，亚甲蓝指标高于丝质组制备的活性炭。这与镜质组和丝质组的生成条件及化学性质有关。

煤中镜质组和丝质组是植物组织在不同的聚集环境中生成的。一般认为镜质组是在气流闭塞、积水较深的沼泽环境下生成的，植物的纤维素和木质素在物理化学性质上都属于凝胶体，具有很强的吸水能力；死亡植物的木质纤维组织在还原环境下分解，细胞壁不断吸水膨胀，胞腔逐渐缩小，以致完全失去细胞结构，形成镜质组分。

丝质组成因比较复杂，一般认为分为两种，一种是由于森林失火而形成，另一种是因为植物木质部分受到真菌的腐化分解作用而形成丝质体。此外，也有人认为丝质组是凝胶化物质经氧化生成的。

由于煤中显微组分镜质组、丝质组成因不同，因此其化学性质及工艺性质也不相同，例如煤中镜质组有黏结性，丝质组就没有黏结性。因此以不同显微组分为原料制备的活性炭吸附性能也不相同。大同烟煤中镜质组制备活性炭的吸附性能优于丝质组再次表明煤不是均一物质，采用分离富集的方法，分离富集煤中制备活性炭性能优异部分，在生产工艺相同的条件下，可显著提高活性炭的吸附性能。因此采用煤岩分离富集处理活性炭生产用原料煤是一种改善提高活性炭性能的好方法，这种方法具有良好的工业应用前景。

3 结论

采用密度法可有效分离富集大同烟煤的煤岩显微组分镜质组和丝质组。结果表明：大同烟煤中镜质组和丝质组所制备的活性炭性能不同；在相同工艺条件下，由大同烟煤镜质组制备的活性炭中孔较发达，亚甲蓝指标高于丝质组制备的活性炭。煤岩显微组分分离富集制备活性炭是提高活性炭吸附性能的有效方法。

参考文献

[1] 周师庸．应用煤岩学[M]．北京：冶金工业出版社，1985: 118.

2-7

金属化合物对煤岩显微组分制备活性炭吸附性能影响试验研究*

摘要：本文试验研究了Ni_2O_3、Fe_2O_3等金属化合物对太西无烟煤和大同烟煤分离富集镜质组、丝质组制备活性炭吸附性能的影响。试验结果表明：金属化合物能显著加快太西无烟煤显微组分的活化反应速度，部分金属化合物可以提高太西无烟煤显微组分制备活性炭的吸附性能，但对大同烟煤，显微组分制备活性炭性能影响不大。其主要原因是大同烟煤反应性高于太西无烟煤。加入金属化合物提高无烟煤显微组分活化反应速度的主要原因是金属化合物催化了碳与水蒸气的活化反应，使活化活性点增加，提高了活化反应效率，但能否提高活性炭的吸附性能，与金属化合物和煤岩显微组分的性质有关。

关键词：活性炭；金属化合物；显微组分

1 前言

以煤为原料制备的煤基活性炭广泛用于城市水处理、废水处理和挥发性有机物吸附等领域，而且随着环保要求的日益提高，其需求量越来越大。但是用传统的物理活化法制备的活性炭孔径分布不合理，微孔发达，中孔数量少，因此限制了煤基活性炭在溶剂回收、催化剂载体等领域的广泛应用。调整改善活性炭的孔结构，提高煤基活性炭的吸附性能，是扩大煤基活性炭应用领域急需解决的问题之一。

煤基活性炭的孔结构和吸附性能主要决定于原料煤的性质和生产工艺。在生产工艺一定的条件下，原料煤的性质是影响活性炭孔结构和吸附性能的主要因素。煤是一种结构复杂的有机混合物，在显微镜下可分为性质不同的镜质组、丝质组

* 本文发表于《新型炭材料》2005年第1期，作者还有李书荣，王岭。

和壳质组等煤岩显微组分，煤中显微组分的性质决定煤的性质。为了深入认识不同性质煤种制备活性炭的性能，作者研究了烟煤和无烟煤煤岩显微组分制备活性炭性能[1, 2]，研究结果表明镜质组、丝质组制备的活性炭吸附性能是不同的。

在活性炭制备过程中加入金属化合物催化碳与水蒸气的活化反应是目前调整改善活性炭孔结构[3-6]，提高活性炭吸附性能的重要手段之一。本文试验研究了Ni_2O_3、Fe_2O_3等金属化合物对煤岩显微组分镜质组、丝质组制备活性炭吸附性能的影响。

2 试验方案

试验选用太西无烟煤和大同烟煤，其工业分析和煤岩显微组分分析结果见表1，试验选用的金属化合物是Ni_2O_3、Fe_2O_3和以Ni_2O_3、Fe_2O_3为主要原料加入一定量的碱金属化合物氢氧化锌配制的催化剂，分别用A、B、C表示。

表1 太西无烟煤和大同烟煤煤岩显微组分分析和工业分析

样品	镜质组/%	半镜质组/%	丝质组/%	壳质组/%	M_{ad}/%	A_{ad}/%	V_{ad}/%	C_{ad}/%
大同	67.5	6.3	25.1	1.1	3.14	2.34	28.26	66.26
太西	69.3	5.9	24.8	0.0	1.31	2.52	7.03	89.14

用密度法从太西无烟煤和大同烟煤中分离富集镜质组和丝质组，其煤岩显微组分定量分析结果见表2、表3。

表2 太西无烟煤分离富集的镜质组、丝质组煤岩显微组分定量分析

样品	镜质组/%	半镜质组/%	丝质组/%	壳质组/%
富集镜质组	90.6	4.6	4.8	0.0
富集丝质组	11.6	7.2	81.2	0.0

表3 大同烟煤分离富集的镜质组、丝质组煤岩显微组分定量分析

样品	镜质组/%	半镜质组/%	丝质组/%	壳质组/%
富集镜质组	88.0	4.3	6.7	1.0
富集丝质组	19.6	7.7	71.8	0.9

分离富集的镜质组、丝质组分别磨成小于180目的细粉，然后和磨成180目细

粉的金属化合物混合。金属化合物加入比例为煤粉重量的1%，混合好的煤粉加入30%的煤焦油，搅拌30min，然后挤压成直径1.5mm的圆柱体，在小型回转炉中炭化，炭化升温速度5℃ /min，炭化终温600℃；在850℃或900℃时通入水蒸气进行活化。

碘值、亚甲蓝分别按国标GB 7702.7—87、GB 7702.6—87 进行测试，比表面采用低温氮吸附法进行测试，用BET吸附等温方程进行计算。

3 结果及讨论

太西无烟煤和大同烟煤是两种性质不同的煤种，大同烟煤的化学反应性高于太西无烟煤[7]，因此大同烟煤的活化温度选定为850℃，太西无烟煤活化温度选定为900℃。以太西无烟煤镜质组、丝质组为原料添加金属化合物制备的活性炭的吸附性能见表4，以大同烟煤镜质组、丝质组为原料添加金属化合物制备的活性炭吸附性能见表5。

表4 太西无烟煤分离富集镜质组、丝质组添加金属化合物制备活性炭的性质

样品	金属氧化物	活化温度/℃	产率/%	活化时间/min	碘值/（mg/g）	亚甲蓝/（mg/g）	比表面/（m^2/g）	中孔容积/（mL/g）	总孔容积/（cm^3/g）
富集镜质组	无	900	49	120	1102	195	1004	0.05	0.52
富集镜质组	A	900	39	90	1050	210	863	0.06	0.42
富集镜质组	A	900	32.5	120	1101	255	992	0.09	0.53
富集镜质组	B	900	42	90	1083	210	828	0.06	0.44
富集镜质组	B	900	32	120	1142	285	1141	0.10	0.56
富集镜质组	C	900	25	90	1180	330	1254	0.15	0.64
富集镜质组	C	900	22.5	120	1179	345	1238	0.21	0.70
富集丝质组	无	900	52.5	120	1047	165	793	0.04	0.39
富集丝质组	A	900	30.5	90	1048	225	881	0.07	0.45

续表

样品	金属氧化物	活化温度/℃	产率/%	活化时间/min	碘值/(mg/g)	亚甲蓝/(mg/g)	比表面/(m^2/g)	中孔容积/(mL/g)	总孔容积/(cm^3/g)
富集丝质组	A	900	20	120	1076	270	946	0.11	0.50
富集丝质组	B	900	44	90	1033	195	780	0.05	0.40
富集丝质组	B	900	30	120	1100	270	963	0.11	0.50
富集丝质组	C	900	45	90	995	180	837	0.05	0.42
富集丝质组	C	900	37.5	120	1087	270	994	0.09	0.50

表5 大同烟煤分离富集镜质组、丝质组添加金属化合物制备活性炭的性质

样品	金属氧化物	活化温度/℃	活化时间/min	产率/%	碘值/(mg/g)	亚甲蓝/(mg/g)	比表面/(m^2/g)	中孔容积/(mL/g)	全孔容积/(cm^3/g)
富集镜质组	无	850	120	65	1043	180	908	0.06	0.44
富集镜质组	A	850	90	52.5	1028	150	875	0.07	0.43
富集镜质组	A	850	120	51.5	1065	180	898	0.07	0.44
富集镜质组	B	850	90	55.5	1055	150	881	0.08	0.45
富集镜质组	B	850	120	42.5	1057	175	889	0.09	0.48
富集镜质组	C	850	90	75.0	1029	165	819	0.06	0.41
富集镜质组	C	850	120	60.0	1041	127	904	0.09	0.51
富集丝质组	无	850	120	66	930	150	706	0.04	0.40
富集丝质组	A	850	90	65.0	1004	90	632	0.04	0.34
富集丝质组	A	850	120	50.5	1056	180	854	0.07	0.42
富集丝质组	B	850	90	72.5	912	45	550	0.03	0.28
富集丝质组	B	850	120	56	1029	165	857	0.06	0.42

续表

样品	金属氧化物	活化温度/℃	活化时间/min	产率/%	碘值/（mg/g）	亚甲蓝/（mg/g）	比表面/（m^2/g）	中孔容积/（mL/g）	全孔容积/（cm^3/g）
富集丝质组	C	850	90	61.0	1042	135	640	0.06	0.33
富集丝质组	C	850	120	52.0	1107	180	780	0.09	0.43

从表4可以看出，加入金属化合物可以提高太西无烟煤镜质组、丝质组的活化反应速率，和没有加入金属化合物的显微组分制备的活性炭相比，在同样的活化时间内其收率降低，活化反应速度加快，亚甲蓝等指标均有一定程度的提高，但比表面不一定提高，中孔孔容略有增加，但不显著。配制的金属化合物C能提高太西无烟煤显微组分制备活性炭的吸附性能，以太西无烟煤镜质组为原料可制得微孔、中孔均发达的优质活性炭产品。但在大同烟煤显微组分中加入金属化合物催化效果不明显，活性炭的吸附性能也没有显著改善。

加入金属化合物加快活性炭反应速度的主要原因是金属化合物催化了碳与水蒸气的活化反应。传统活化法是在800 ～ 900℃的条件下水蒸气与碳接触发生以下反应：

$$C + H_2O \longrightarrow H_2 + CO \quad (1)$$

$$CO + H_2O \longrightarrow H_2 + CO \quad (2)$$

$$C + CO_2 \longrightarrow 2CO \quad (3)$$

许多试验研究发现部分金属化合物对反应（1）、（3）具有催化作用[8, 9]，即加入某些金属化合物改变了碳与水蒸气、CO_2的反应机理，增加了发生活化反应的活性点，加快了活化反应速度，提高了活化效率，但是加快活性炭反应速度并不一定提高活性炭的吸附性能，这和金属化合物的性质有关。

不同煤种镜质组加入金属化合物制备的活性炭吸附性能也不完全相同。以太西无烟煤镜质组为原料加入金属化合物C制备的活性炭吸附性能最好。这主要是因为太西无烟煤的化学反应活性低，加入金属化合物可以显著提高太西无烟煤中碳与水蒸气的活化反应速度，因此金属化合物对太西煤制备的活性炭吸附性能和收率影响较大。而大同烟煤化学反应活性较高，加入金属化合物催化效果不明显。因此只有反应性低的煤种加入金属化合物才有催化活化效果，但能否改善活性炭的性能决定于金属化合物的性质和种类，并不是所有金属化合物都能改善活性炭的吸附性能。只有具有催化碳与水蒸气活化反应性能的金属化合物才行。金属化合物对活性炭吸附性能的影响既和原料煤性质有关，又和金属化合物的性质有关。

4 结论

在一定工艺条件下，A、B和C等金属化合物能显著加快太西无烟煤显微组分的活化反应速度，部分金属化合物可以提高太西无烟煤显微组分制备活性炭的吸附性能，但对大同烟煤显微组分制备活性炭吸附性能影响不大。试验的三种金属化合物中C的催化活性最好，并可显著提高太西烟煤显微组分制备活性炭的吸附性能。

加入金属化合物提高活性炭收率和吸附性能的主要原因是金属化合物催化了碳与水蒸气的活化反应，使活化活性点增加，提高了活化反应效率，但能否提高活性炭的吸附性能与金属化合物和煤岩显微组分的性质有关。

参考文献

[1] 张文辉，李书荣，陈鹏，等. 大同烟煤镜质组、丝质组制备活性炭的试验研究[J]. 煤炭学报，2000 (6): 299-302.

[2] 张文辉，李书荣，陈鹏，等. 太西无烟煤镜质组、丝质组制备活性炭的试验研究[J]. 新型炭材料，2000 (2): 61-64.

[3] 陈秋燕，袁文辉，关建郁，等. 炼油厂石油焦活性炭的制备[J]. 新型炭材料，1999, 14 (4): 63-67.

[4] 张丽丹，赵晓鹏，马群，等. 改性活性炭对苯废气吸附性能的研究[J]. 新型炭材料，2002, 17 (2): 41-44.

[5] 张文辉，袁国君，李书荣，等. 浸渍KOH研制煤基高比表面活性炭[J]. 新型炭材料，1998, 13 (4): 55-59.

[6] 刘海燕，凌立成，刘植昌，等. 高比表面活性炭的制备及吸附性能的初步研究[J]. 新型炭材料，1999, 14 (2): 21-25.

[7] 陈鹏. 中国煤炭性质、分类和利用[M]. 北京：化学工业出版社，2001: 174-176.

[8] Figueir J A, Rivera-Utrilla J, Ferro-Garcia M A. Gasification of active carbons of different texture impregnated with nickel, cobalt and iron [J]. Carbon, 1987, 25 (5): 703-708.

[9] Matsumoto S, Philip L, Walker J R. Char gasification in steam at 1123K catalyzed by K, Na, Ca and Fe-effect of H_2, H_2S and COS [J]. Carbon, 1986, 24 (3): 277-285.

2-8

配煤技术在活性炭生产中的应用*

摘要：阐明了配煤改变活性炭孔结构、提高活性炭吸附性能的原理，介绍了配煤生产活性炭的吸附性能。

关键词：配煤；活性炭

活性炭生产用原料煤性质对活性炭孔结构及吸附性能有重要影响。以单种煤为原料生产的活性炭，其孔结构及吸附性能各有特点；以低变质程度的烟煤为原料生产的活性炭中孔较丰富，以高变质程度无烟煤为原料生产的活性炭微孔发达；采用特殊生产工艺，可以改变单种煤生产活性炭的孔结构[1, 2]，提高活性炭吸附性能，但使活性炭生产成本大幅度增加。

采用配煤生产技术，可以在不大幅度增加活性炭生产成本的前提下，在一定范围内改变活性炭的孔结构，提高活性炭的吸附性能，从而扩大活性炭的应用领域。我国煤炭资源丰富，品种齐全，从20世纪80年代末开始，煤炭科学研究总院北京煤化学研究所及我国许多研究单位对配煤生产活性炭技术进行了深入研究，取得了重要进展。

1　配煤改变活性炭孔结构及吸附性能原理[3]

活性炭是一种固体吸附剂，活性炭固体表面质点处于力场不平衡的状态，表面具有过剩的能量，即表面能（表面自由焓）。这些不平衡的力场由于吸附物的吸附而得到某种程度的补偿，从而降低了表面能，所以活性炭的固体表面可以自动吸附那些能够降低其表面自由焓的物质。

在活性炭表面上的吸附以物理吸附为主，存在单分子层和多分子层吸附。单分子层吸附等温方程为：

---

* 本文发表于《洁净煤技术》2000年第2期，作者还有阎文瑞。

$$\theta = \frac{k_2 P}{k_1 + k_2 P} \quad (1)$$

式中，θ为任一瞬时已吸附气体的固体表面积对固体表面积的分数，即固体表面被覆盖的分数；k_1、k_2是一定温度下的比例常数，其值决定于温度、吸附剂和被吸附气体的性质。

其中

$$\theta = \frac{F}{F_\infty} \quad (2)$$

式中，F表示一定量吸附剂所吸附的物质的量，而F_∞为同量吸附剂所能吸附的最大物质的量。若$\frac{k_1}{k_2}$用另一常数b表示，则式（1）可写为：

$$F = F_\infty \frac{bp}{1 + bp} \quad (3)$$

式中，F_∞和b在一定温度下对一定活性炭和吸附物是常数，活性炭种类不同，则F_∞和b不同。

对于由非黏结性煤或弱黏性煤配煤生产的活性炭，由于煤粉之间没有发生或发生很弱的化学反应，所以在配煤生产的活性炭中，原有煤种活性炭吸附性能没有变，忽略扩散过程的影响，其吸附量可以认为是单种煤制活性炭吸附量的加和。

假设单种煤A生产的活性炭吸附量为F_A。

$$F_A = F_{\infty A} \frac{b_A p}{1 + b_B p} \quad (4)$$

单种煤B生产的活性炭吸附为F_B。

$$F_B = F_{\infty B} \frac{b_B p}{1 + b_B p} \quad (5)$$

则由煤A和煤B按一定量配比研制的活性炭吸附量为：

$$F_{AB} = F_{\infty B} \frac{b_B P}{1 + b_B P} + x\left(F_{\infty A} \frac{b_A P}{1 + b_A P} - F_{\infty B} \frac{b_B P}{1 + b_B P}\right) \quad (6)$$

式中，x为煤A配入的比例。从式（6）可以看出，在单分子层吸附时，配煤生产的活性炭的吸附量决定于单种煤生产活性炭的吸附量，配煤生产活性炭的吸附性能兼具了两种活性炭的吸附特点，因此用配煤方法可以改善活性炭的吸附性能。

根据多分子层吸附理论，多分子层吸附等温方程为：

$$V=\frac{V_{m}CP}{(P^{0}-P)[1+(C-1)\frac{P}{P^{0}}]} \tag{7}$$

式中，V为吸附气体体积；P^0是在同温度下该气体的液相饱和蒸气压；C为与吸附热及液化热有关的常数；V_m为一定量活性炭表面形成单分子层所需气体体积。

与活性炭单分子层吸附同理，配煤生产的活性炭吸附量可以认为是单种煤生产活性炭吸附量的加和。

$$V_{AB}=x\frac{V_{mA}C_{A}P}{(P_{0}-P)[1+(C_{A}-1)\frac{P}{P_{0}}]}+(1-x)\frac{V_{mB}C_{B}P}{(P_{0}-P)[1+(C_{B}-1)\frac{P}{P_{0}}]} \tag{8}$$

$$=\frac{V_{mB}C_{B}P}{(P_{0}-P)[1+(C_{B}-1)\frac{P}{P_{0}}]}+x\left(\frac{V_{mA}C_{A}P}{(P_{0}-P)[1+(C_{A}-1)\frac{P}{P_{0}}]}-\frac{V_{mB}C_{B}P}{(P_{0}-P)[1+(C_{B}-1)\frac{P}{P_{0}}]}\right)$$

式中，V_{AB}为配煤生产活性炭的吸附气体体积；x为煤种A在配煤活性炭产品中所占比例。从式（8）也可以看出，在多分子层吸附时配煤生产活性炭的吸附量决定于单种煤生产活性炭的吸附量，配煤生产的活性炭吸附性能在多分子层吸附时也兼具单种煤生产活性炭的吸附特点，因此用配煤方法可以改善活性炭吸附性能。

综上所述，活性炭吸附是以物理吸附为主的吸附过程，无论在活性炭表面发生单分子层吸附还是多分子层吸附，配煤生产的活性炭吸附性能决定于配入单种煤生产的活性炭吸附性能，用配煤方法在一定范围内可有效改善活性炭的吸附性能。

2 配煤生产的活性炭吸附性能

由于配煤生产活性炭技术是一种成本低廉且有效的改善活性炭吸附性能的方法，因此北京煤化学研究所及国内许多单位对此项活性炭生产技术进行了深入研究，主要研究弱黏煤、不黏煤与无烟煤配合、强黏结性煤与弱黏结性煤配合生产活性炭，改善活性炭的孔结构，提高活性炭的吸附性能及强度，降低活性炭生产成本。

利用大同弱黏结性烟煤和宁夏无烟煤，按不同的配比，在基本相同的生产工艺条件下制得活性炭吸附性能和孔结构分析见表1。

表1 配煤生产活性炭吸附性能和孔结构分析

序号	配煤比例/%		炭化后性能			活化后测试数据							
	烟煤	无烟煤	挥发分/%	灰分/%	堆密度/（g/cm³）	灰分/%	堆密度/(g/cm³)	强度/%	碘值/（mg/g）	比表面积/（m²/g）	总孔容积/（cm³/g）	微孔容积/（cm³/g）	平均孔径/nm
1	75	25	14.5	4.5	0.58	12.7	0.38	99.4	1062	1072	0.61	0.28	1.67
2	90	10	22.2	3.4	0.55	11.6	0.31	91.2	1014	923	0.65	0.28	2.08

从表1可以看出，配煤生产的活性炭不仅具有无烟煤制活性炭比表面积高的优点，而且孔容高，平均孔径增加，配煤生产的活性炭吸附性能得到改善。

依兰煤是低变质程度的长焰煤，挥发分高达40%，北京煤化学研究所对依兰煤制活性炭及依兰煤配无烟煤制活性炭进行了研究，试验结果见表2。从表2可以看出，配入无烟煤生产的活性炭产品，不仅碘值显著增加，而且保留了年轻烟煤制活性炭孔容积高的优点，是一种吸附性能优良的煤基活性炭产品。

表2 依兰煤生产活性炭试验结果

序号	配比			炭化				活化			检测结果						
	依兰煤	无烟煤T	焦油	温度/℃	得率/%	灰分/%	挥发分/%	得率/%	时间/min	灰分/%	碘值/（mg/g）	四氯化碳/%	亚甲蓝/（mg/g）	强度/%	堆密度/（g/L）	比表面积/（m²/g）	孔容积/（cm³/g）
1	68		32	600	46	8.4	4.9	47.6	120	16.5	972	62.7	240	91	383	809	0.644
2	68		32	600	50	8.0	3.8	60	180	11.5	859	41	110	95	437		
3	68		32	600	50	8.0	3.8	48.3	240	15.3	1016	60	220	96	434	814	0.630
4	35	35	30	600	57.3	7.0	4.1	40.8	180	11.0	1124	73.4	270	91	358	996	0.635
5	35	35	30	600	57.8	6.4	3.5	52	120	8.5	991	51.6	195	94	434		
6	42.6	28.4	29	600	60	7.4	4.1	60.9	180	8.1	934	42.0	—	95	448		
7	42.6	28.4	29	600	60	6.0	4.0	43.5	240	12.2	1086	67	245	89	369	998	0.668

以贫瘦煤为原料研制的煤基活性炭吸附性能见表3，贫瘦煤中配入30%的弱黏结性烟煤研制的活性炭吸附性能见表4。比较表3和表4可以看出，贫瘦煤中配入弱黏煤后活性炭吸附性能得到改善，贫瘦煤配入弱黏煤可制造吸附性能优良的煤基活性炭。

表3　贫瘦煤制备活性炭的吸附性能

样号	碘值/(mg/g)	四氯化碳/%	强度/%	密度/(g/L)
1	895	52	92	501
2	874	48	94	523
3	864	50.1	94	511.3
4	902.8	56.7	91.7	485
5	934.1	59.2	91.2	465

表4　原贫瘦煤加入30%的弱黏结性烟煤制备的活性炭吸附性能

样号	碘值/(mg/g)	四氯化碳/%	密度/(g/L)	强度/%
混-1	1054	61.5	513	96
混-2	1064	67	498	95.2
混-3	1081	73.5	474	90.2
混-4	1082.5	74.1	475	95.1
混-5	1097.3	74.5	473	95
混-6	1067.4	60.5	507.5	94.8

大同弱黏结性煤配入肥焦煤生产活性炭的试验结果见表5。从表5可以看出，同样配入肥焦煤，但产品活性炭性能差别较大，这表明煤的性质很重要，配入同样煤种生产活性炭，产品性能不一定相同。

煤与木材、茶壳配合也可以改善活性炭吸附性能，表6为黏结性煤与茶壳配合制活性炭试验结果，配入茶壳后，活性炭苯吸附指标显著提高。

表5　肥焦煤与大同弱黏结性煤混合生产的活性炭吸附性能

1号肥焦煤					2号肥焦煤				
样号	碘值/(mg/g)	亚甲蓝/(mg/g)	CCl_4/%	烧失率/%	样号	碘值/(mg/g)	亚甲蓝/(mg/g)	CCl_4/%	烧失率/%
$4A_3$	872	194.61	66.41	65	$5A_1$	1028.98	238.9	73.79	61.5
$4A_2$	817.2	178.72	58.51	56	$5A_2$	1085.69	239.7		59
$4A_1$	873.7		60.37	59	$5A_3$	1071.2	243.2	71.81	58
					$5A_4$	1027.6	215.3	70.23	56

表6　黏结性煤与茶壳配合生产活性炭吸附性能

试样	活化温度/℃	活化时间/h	收率/%	碘吸附量/(mg/g)	苯吸附量/(mg/g)
黏结煤	900	3	356	996	420
黏结煤：茶壳=4：1	800	3	31.2	935	489

大量试验结果表明[4, 5]，原料煤中Al_2O_3、SiO_2、Fe_2O_3、CaO、MgO、K_2O、Na_2O等对活化过程都有一定影响，其中Fe_2O_3、CaO、MgO、K_2O和Na_2O等对水蒸气活化过程有一定的催化作用，由于配煤改变了上述无机氧化物在煤中的含量，对配煤生产活性炭的吸附性能也有一定影响，但由于具有催化作用的金属氧化物在煤中含量不高，因此其影响程度有限。因此配煤生产活性炭在生产工艺条件基本相同的条件下，主要决定于配入单种煤的性质。

总之，配煤是改善活性炭产品孔结构，提高活性炭产品吸附性能的好方法。但如何配煤，应因地制宜，根据活性炭产品孔结构及吸附性能的要求，确定配煤的煤种和比例，切不可盲目照搬，否则不会达到改善提高活性炭吸附性能、降低生产成本的目的。

需要指出的是，配煤技术难以大幅度提高活性炭的吸附性能，只能在一定范围内改善活性炭的吸附性能，降低生产成本。如果生产高吸附性能的活性炭产品，应采用催化活化、煤岩分离和压块成型等先进的新技术。目前煤炭科学研究总院北京煤化学研究所正在从事这方面的研究工作，部分研究成果已在工业生产中应用。

3 结论

配煤生产活性炭技术是一种廉价、有效的改善活性炭孔结构、提高活性炭产品吸附性能的技术。在一定生产工艺条件下，配煤生产活性炭吸附性能主要决定于配入单种煤的性质及配煤比例，配煤生产的活性炭具有配入单种煤制活性炭吸附性能的特点。但配煤技术只能在一定范围内改善活性炭产品的吸附性能，不能制取高性能或具有其他特殊吸附性能的活性炭产品，若制取具有特殊吸附性能的高性能活性炭产品，应采用催化活化、煤岩分离和压块成型等先进的活性炭生产新技术。

参考文献

[1] 张文辉，袁国君，梁大明. 活性炭新产品开发势在必行[J]. 煤质技术，1998, 5: 14-16.

[2] 南京林产工业学院. 木材热解工艺学[M]. 北京：中国林业出版社，1983: 110.

[3] 天津大学物理化学教研室. 物理化学（下）[M]. 北京：人民教育出版社，1981: 220.

[4] Ehrburger P, Addoun A, Addoun F, et al. Carbonization of coals in the presence of alkaline hydroxides and carbonates : Formation of activated carbon [J]. Fuel, 1986, 65: 1447.

[5] Pande A R. Catalytic gasification of active charcoal by carbon dioxide: Influence of type of catalyst and carbon particle size [J]. Fuel, 1992, 71: 1300.

2-9

浸渍KOH研制煤基高比表面活性炭*

摘要：研究了在煤基活性炭生产工艺中浸渍KOH方法对煤基活性炭吸附性能的影响，试验发现：采用竞争吸附剂KOH浸渍可显著提高活性炭的比表面及吸附性能，利用水蒸气活化法制得比表面积>1500m^2/g的煤基活性炭。

关键词：KOH；浸渍；煤基活性炭；高比表面

1　前言

煤基活性炭是我国近年来产量最大的活性炭产品，1997年产量约6万t，我国煤基活性炭采用水蒸气活化法生产，活化炉主要为我国20世纪50年代从苏联引进的斯列普炉[1]，生产的煤基活性炭比表面最高仅1100m^2/g，难以满足日益发展的环保、医药、军事等重要领域的需要，而且产量低，生产成本高。如何改进这种活性炭生产方法，生产高比表面活性炭，改善和提高煤基活性炭吸附性能并降低其生产成本，是我国活性炭工业发展急需解决的问题之一。

自20世纪80年代以来，国内外一些研究机构在实验室研究开发比表面积大于2000m^2/g的超高比表面积活性炭[2]，显著提高了活性炭的吸附性能。制备这种活性炭用的活化剂是KOH，一般KOH和含碳原料比为（1～4）∶1，含碳原料不同，生产工艺也略有差别。由于这种工艺用碱量大，难以用我国现有的活性炭生产装置进行工业生产。

目前常规水蒸气活化法仅采用水蒸气作为活化剂，在600～950℃条件下，水蒸气活化剂与碳接触发生化学反应：

$$C + H_2O \longrightarrow H_2 + CO \quad (1)$$

$$CO + H_2O \longrightarrow H_2 + CO_2 \quad (2)$$

* 本文发表于《新型炭材料》1998年第4期，作者还有袁国君、李书荣、梁大明。

$$C + CO_2 \longrightarrow 2CO \tag{3}$$

反应（1）、（2）、（3）均是吸热反应，许多试验研究发现KOH等碱金属或碱土金属对反应（1）、（3）具有催化作用[3~5]，即KOH等碱金属和碱土金属化合物改变了碳与水蒸气、CO_2的反应机理，加快了反应速度。当含有KOH的煤中碳与水蒸气发生化学反应时，KOH加快了煤中碳与水蒸气的反应速度，改变了活性炭内部的孔结构，提高了活性炭的吸附性能。即使煤中含有较少的KOH，由于KOH催化了碳与水蒸气的反应，也可以显著改变活性炭的孔结构，改善活性炭的吸附性能。目前研究较多的催化剂是KOH、K_2CO_3、NaCl和过渡金属化合物，其中催化性能最好的化合物是碱金属化合物，KOH等碱金属化合物的加入方式及工艺条件影响催化效率，一般KOH浸渍比物理混合效果更好。

根据我国煤基活性炭现状，研究了在煤基活性炭生产过程中浸渍KOH（<8%）对活性炭吸附性能的影响。试验结果表明，采用竞争吸附浸债KOH可以提高煤基活性炭比表面，在实验室利用水蒸气活化法研制出比表面积大于1500m^2/g的煤基活性炭。

2　试验方案及试验装置

2.1　试验方案

选择两种原料，原料煤工业分析及元素分析见表1。

表1　原料煤工业分析和元素分析　　单位：%（质量分数）

样品	M_{ad}	A_{ad}	V_{ad}	$S_{t,ad}$	C_{ad}	H_{ad}	N_{ad}
大同煤	2.12	4.43	32.96	0.78	61.76	4.94	0.85
太西煤	1.14	4.84	8.26	0.72	85.69	2.86	0.76

由于KOH的加入方式对水蒸气活化反应有重要影响，而且浸渍KOH方式优于固体物料混合，所以选择浸渍方式加入KOH。浸渍分为原料煤浸KOH、活性炭浸KOH和活性炭浸KOH混合液三种。三种浸渍法制备活性炭工艺流程见图1。

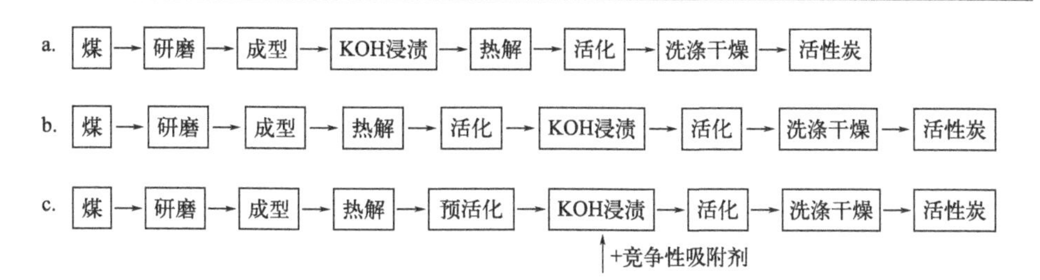

图1 浸渍KOH研制煤基高比表面积活性炭工艺流程图

2.2 试验装置及分析方法

活性炭制备包括磨粉、成型、炭化、活化等过程。

磨粉用球磨机，每次磨粉1～3kg，98%通过180目筛。

成型用卧式螺旋挤压机，活性炭为圆柱状，直径2mm。

炭化、活化采用小型外热式回转炉，炭化每次装料量500～600g，活化每次装料是150～250g，温度采用程序升温控制仪控制。

碘值、亚甲蓝按GB 7702.7—87及GB 7702.6—87检测；比表面用低温氮吸附法测定，用BET吸附等温方程计算。

3 试验结果及讨论

3.1 原料煤成型后浸渍KOH对活性炭吸附性能的影响

原料煤经磨粉成型后浸渍KOH，按工艺方案a制得活性炭吸附性能见表2。

表2 原料煤成型后浸渍KOH对活性炭吸附性能影响

样品	KOH/%	热解温度/℃	活化温度/℃	活化时间/min	碘值/(mg/g)	亚甲蓝/(mg/g)
大同煤	<8	600	800	60	780	135
大同煤	<8	600	850	60	750	120

续表

样品	KOH/%	热解温度/℃	活化温度/℃	活化时间/min	碘值/(mg/g)	亚甲蓝/(mg/g)
大同煤	<8	600	850	120	680	—
大同煤	—	600	850	120	940	—
太西煤	—	600	900	120	960	150
太西煤	<8	600	900	120	840	—
太西煤	<8	600	900	60	910	—

从表2可以看出，在活化工艺条件相同的情况下，原料煤成型后浸渍KOH溶液制备的活性炭吸附性能低于没有浸渍KOH的原料煤制得的活性炭，这主要是因为KOH加快了碳与水蒸气的活化反应速度，使活化反应过度，因此浸渍KOH制得活性炭的吸附性能显著降低；缩短活化时间，活性炭吸附性能虽有提高，但仍低于没有浸渍KOH制得的活性炭。其主要原因是原料煤磨粉成型后孔隙少，溶液中KOH难以浸入到煤颗粒内部，只浸渍在煤成型颗粒的外层面，所以KOH并没有参与颗粒内部碳与水蒸气的反应。因此这种浸渍KOH方法没有改善提高活性炭的吸附性能。

3.2 原料煤成型活化后浸渍KOH对活性炭吸附性能的影响

按工艺方案b，原料煤成型经炭化及初步活化处理且形成一定孔隙后，再浸渍KOH，然后再活化，活化制得活性吸附性能见表3。

表3 原料煤成型活化后浸渍KOH对活性炭吸附性能的影响

样品	KOH/%	热解温度/℃	活化温度/℃	活化时间/min	碘值/(mg/g)
太西煤	<8	600	850	60	950
太西煤	<8	600	900	60	1010
太西煤	<8	600	900	60	1050

从表3可以看出，制得活性炭吸附性能较好，但和没有浸渍KOH的水蒸气物理活化法相比，吸附性能没有显著变化，只是缩短了活化时间，这意味着用此种浸渍方法，可以提高斯列普炉生产量，但不能显著提高改善活性炭的吸附性能。

3.3 原料煤成型活化后浸渍KOH混合液对活性炭吸附性能的影响

由于活性炭具有不均匀的孔结构，活性炭内部的孔由大孔、中孔、微孔组成，其中微孔数量最多，因此KOH在活性炭中的扩散吸附过程是一个很缓慢的过程，一般在活性炭颗粒表面及孔的外部KOH浓度较高，而活性炭颗粒内部KOH浓度较低。为了提高KOH在活性炭中分布的均匀度，在KOH溶液中加入竞争吸附剂如丙醇、硝酸铵和有机酸等，配成KOH混合液。这样活性炭在吸附KOH的同时，也吸附竞争吸附剂，就可使KOH不仅分布在活性炭颗粒的外表面，而且有一部分KOH扩散吸附到活性炭颗粒内部的微孔中，提高了KOH在活性炭颗粒内部孔中分布的均匀度。采用这种浸渍方式按工艺c制得活性炭的吸附性能见表4。

表4 原料煤成型活化后浸渍KOH混合液对活性炭吸附性能的影响

样品	KOH/%	热解温度/℃	活化温度/℃	活化时间/min	碘值/(mg/g)	比表面积/(m^2/g)
太西煤	<8	600	900	60	1220	1490
太西煤	<8	600	900	60	1230	1548

从表4试验结果可以看出，加入竞争吸附剂浸渍KOH制得活性炭吸附性能显著提高，而且活化时间缩短。这表明在同样的水蒸气活化工艺条件下，采用竞争吸附浸渍KOH生产活性炭，不仅能够改善和提高活性炭的吸附性能，而且可以提高活化炉产量。

4 结论

在活性炭生产工艺中，浸渍KOH方法对活性炭吸附性能有显著影响，采用竞争吸附、浸渍KOH不仅可显著提高活性炭的比表面及吸附性能，利用水蒸气活化法制得比表面积大于1500m^2/g的活性炭，还缩短了活化时间，提高了活性炭产量。竞争吸附浸渍KOH在高性能活性炭研制中有广泛的应用前景。

参考文献

[1] 张鲁萍，姜荣跃. 活化剂与物料接触方式对斯列普炉活化速度影响的探讨[C]// 中国林学会林产化学化工学会. 1996全国活性炭学术交流会论文集. 烟台：中国林学会林产化学化工学会，1996: 233.
[2] 乔文明，刘朗. 高比表面活性炭的研究与应用[J]. 新型炭材料，1996, 11 (1): 25.
[3] 埃利奥特M A. 煤利用化学（下）[M]. 北京：化学工业出版社，1991: 93.
[4] Figueirdo J A. Gasification of active carbons of different texture impregnated with Nickel, Cobalt and Iron [J]. Carbon, 1987, 25 (5): 703.
[5] 富田彰，大家康夫，宝田恭之，等. 关于褐煤的催化气化研究[J]. 燃料化学学报，1988, 16 (2): 111.

2-10
直立炉生产活性炭工业试验研究*

摘要：介绍了直立炉生产活性炭的工业试验结果及弱黏煤直立炉生产活性炭的吸附性能。

关键词：直立炉；活性炭；弱黏煤

直立炉是一种立式炼焦炉，按加热方式可分为内热式、外热式两种，主要用于生产半焦和城市煤气。由于直立炉具有投资少、生产效率高等特点，国内许多中、小型焦化厂均用此种炉型生产半焦及城市煤气。但近年来，由于半焦生产过剩，许多直立炉焦化厂因半焦难以销售而亏损，甚至停产。为了使直立炉焦化厂摆脱困境，扭亏为盈，煤炭科学研究总院北京煤化学研究所根据直立炉生产工艺特点，研究开发了直立炉生产活性炭技术，并在神木县焦化厂进行了工业试验获得成功。利用直立炉生产出碘值大于500mg/g的煤质活性炭，生产成本低于常规活性炭生产成本，此种活性炭不仅可用于废水处理，而且可用于烟道气脱硫，应用市场前景广阔。直立炉生产活性炭工业试验的成功，不仅使直立炉焦化厂可生产廉价半焦，而且可生产经济价值较高的活性炭，为直立炉焦化厂生存发展开辟了新途径。

1　直立炉生产活性炭工艺

直立炉结构示意见图1。直立炉炼焦工艺技术属于连续炼焦生产工艺技术，入炉块煤在炉内自上而下连续移动，在下移过程中与通入的热废气直接接触，从而被加热升温，炼制成半焦，并且半焦在炉内冷却。炼焦过程中生成的干馏煤气经冷却洗涤回收焦油后，由风机送回炉内燃烧，剩余煤气外送。活性炭是一种具有发达孔隙结构的炭质吸附材料，活性炭中的孔隙是炭质材料在高温条件下与水

---

* 本文发表于《洁净煤技术》1998年第2期，作者还有袁国君、冯彦红、符金明。

蒸气发生弱氧化反应而生成的。因此，用直立炉生产活性炭，必须对现有直立炉炼焦生产工艺操作进行改进。

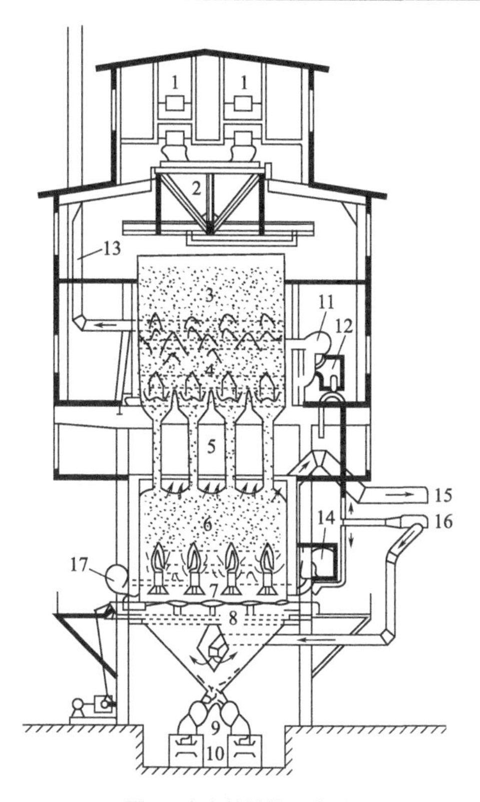

图1 直立炉结构示意图

1—原料煤；2—加煤车；3—煤槽；4—干燥段；5—连接通道；
6—炭化室；7—焦炭冷却段；8—排焦装置；9—闸门；10—输送带；11—鼓风机；
12—燃烧炉；13—排气管；14—燃烧炉；15—煤气出口；16—进气管；17—冷却鼓风机

用直立炉生产活性炭时，通入由水蒸气、CO_2和O_2组成的复合活化剂，这样既保证生产出质量均匀稳定的活性炭产品，又不必对炉体设备进行大的改动，使直立炉既能生产半焦，又能生产活性炭。直立炉生产活性炭工艺流程见图2。从图2看出，在直立炉生产活性炭工艺中炭化、活化合二为一，用煤直接生产出活性炭，简化了活性炭生产工艺，提高了生产效率，降低了生产成本。

试验用原料煤为弱黏煤，M_{ad}为8.7%，A_d为3.4%，V_{daf}为30.99%。

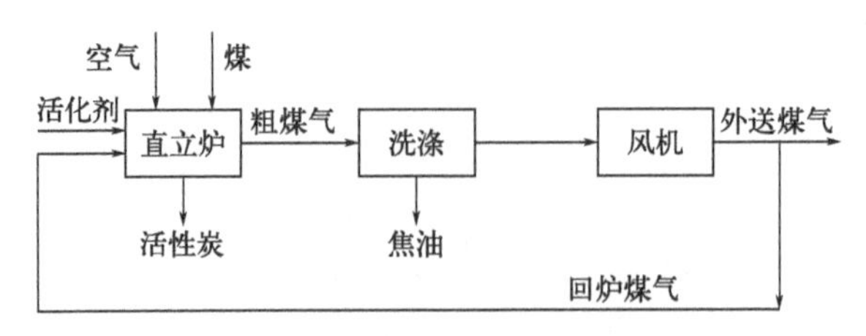

图2 直立炉生产活性炭工艺流程示意图

2 试验结果

2.1 工艺条件对活性炭吸附性能的影响

2.1.1 温度对活性炭吸附性能的影响

碳与水蒸气的活化反应是吸热化学反应，需在较高温度条件下才能进行，沿直立炉炭化室高度的温度分布从炉底热废气进口至炉顶的温度呈逐渐降低趋势。炭与水蒸气的活化反应主要发生在直立炉炭化室热废气进口附近的高温区。此区域的最高温度及沿炉高的温度分布对活性炭产品质量有重要影响。当煤在直立炉内停留时间8～10h，温度对活性炭吸附性能影响可从图3看出。随着温度升高，活性炭碘值增加，在入炉原料煤停留时间、活化剂通入量一定的条件下，提高温度对改善活性炭吸附性能有利。

2.1.2 停留时间对活性炭吸附性能的影响

煤与活化剂水蒸气的化学反应是非均相反应，只有当水蒸气从气相扩散到炭表面，再从炭表面扩散到孔隙内部，才能发生有效的活性炭造孔反应。在一定的温度条件下，反应时间是关键因素之一，即炭在炉内需要足够的停留时间，否则活性炭产品吸附性能降低，难于生产高质量的活性炭。停留时间对活性炭产品吸附性能影响从图4可以看出，延长停留时间对提高活性炭吸附性能有利。

2.1.3 原料煤粒度对活性炭吸附性能的影响

入炉原料煤粒度对活性炭吸附性能影响从图5可以看出，由小颗粒煤制得活性炭产品吸附性能低于大颗粒煤制得活性炭产品。这是由于火炉煤粒度小时，炉内炭化室透气性较差，加热气体与活化剂易发生偏流，与固体物料接触不均匀，因此，产品吸附性能较差。现场试验观察也发现，入炉煤颗粒较小时，出料中夹带生料，这也证实了炉内加热气体与炉内煤料接触不均匀，发生了偏流；当入炉煤粒度较大时，不仅改善了炉内料柱透气性，而且由于神木煤热稳定性较差，煤粒本身产生大量裂纹，活化剂可以沿裂纹扩散到炭颗粒内部进行活化反应。因此在同样工艺条件下，大颗粒煤生产的活性炭吸附性能较好。因此，用直立炉生产活性炭时，入炉煤粒度不能太小。

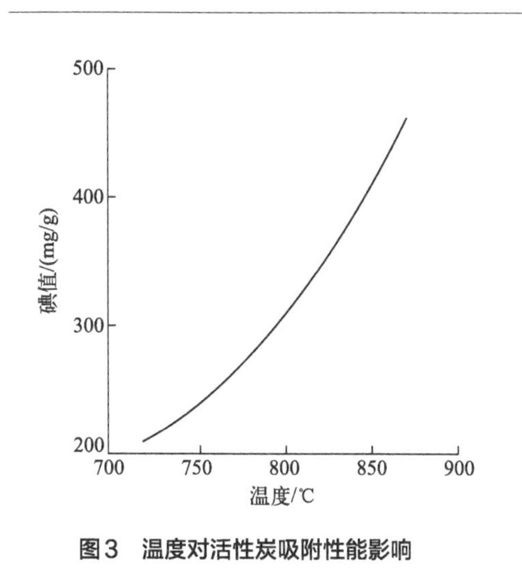

图3　温度对活性炭吸附性能影响

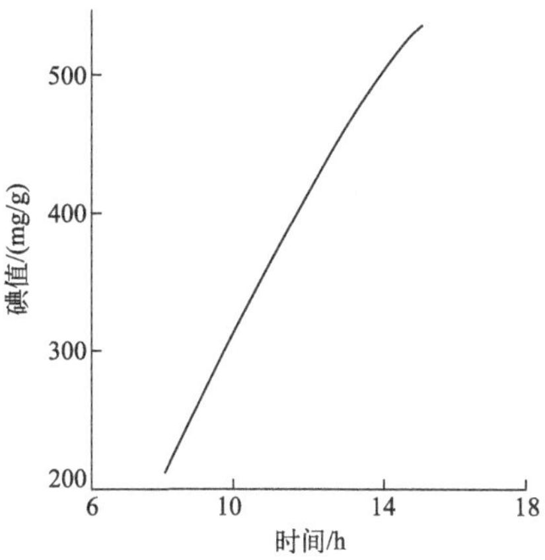

图4　停留时间对活性炭吸附性能影响

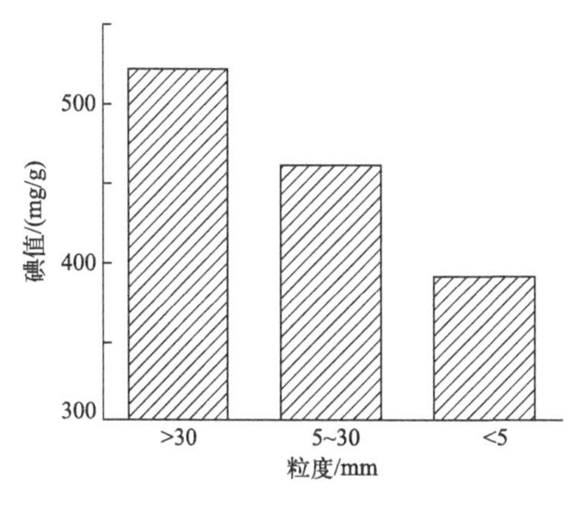

图5　入炉原料煤粒度对活性炭吸附性能影响

2.2 直立炉生产的活性炭产品吸附性能

直立炉生产的活性炭产品吸附性能见表1，就吸附性能而言，此种活性炭属于低档活性炭，碘值、比表面均较低，但孔容积较大，表明此种活性炭中孔、大孔较多，适用于液相吸附净化，此外这种活性炭硫容量20～60mg/g，具有脱除SO_2的功能，是一种廉价、易得的脱硫剂。

这种活性炭用直立炉生产，生产设备简单，产量大，生产成本远远低于常规活性炭生产成本。直立炉生产活性炭成本分析见表2。直立炉生产的活性炭成本仅为同类常规活性炭成本的2/3左右。因此这种活性炭具有广泛的应用市场，可广泛用于工业废水处理、烟道气脱硫净化等领域。而且，随着中国环保要求的日益加强，这种活性炭产品的应用市场会越来越广。

表1 直立炉生产的活性炭吸附性能

项目	数值	项目	数值
碘值/(mg/g)	>400	硫容量/(mg/g)	20～60
亚甲蓝/(mg/g)	>30	着火点/℃	>360
比表面积/(m^2/g)	>250	堆密度/(g/mL)	0.51～0.65
强度/%	>90	挥发分/%	<4
孔容/(mL/g)	>0.2	灰分/%	<10

表2 直立炉生产活性炭成本估算

费用名称	单位成本/（元/t）
原料煤	352.0
燃料、动力消耗	197.0
设备折旧	88.0
管理费用	144.0
包装	100.0
合计	881.0

3 结论

用直立炉生产活性炭是完全可行的，简化了活性炭生产工艺，降低了活性炭生产成本。提高直立炉炭化室温度、延长入炉煤停留时间均可以提高活性炭产品吸附性能。直立炉生产的活性炭可广泛用于烟道气脱硫及工业废水处理等领域。

2-11

我国活性炭技术与标准化*

摘要：介绍了我国活性炭生产技术发展历史和现状。我国活性炭技术是在20世纪50年代引进的苏联活性炭技术基础上发展起来的，我国活性炭标准也主要采用苏联标准。近十几年来，为了便于我国活性炭产品出口，我国活性炭标准和检测方法有较大改进，但由于我国活性炭应用研究落后，我国活性炭标准化工作发展缓慢，已影响我国活性炭应用领域的扩大和活性炭生产的发展。

关键词：活性炭；技术；标准

1 我国活性炭生产技术现状

我国活性炭工业生产起步于20世纪50年代，是在引进苏联活性炭技术的基础上发展起来的，改革开放以后进入高速发展时期，产量由改革开放初期的1万余吨增加到目前的18万吨以上，总产量已超过日本仅次于美国。我国成为世界第二大活性炭生产国。按生产原料划分，活性炭可分为煤基活性炭、木质活性炭、果壳活性炭等，其中煤基活性炭产量最大，约占活性炭总产量的70%，我国生产的活性炭约60%出口，是世界最大的活性炭出口国[1]。

在改革开放以前，我国煤基活性炭的生产主要集中在太原、北京和上海等大中城市，改革开放以后我国煤基活性炭生产进入高速发展时期，生产中心逐渐向活性炭生产用原料煤产地转移。经过十几年的发展，在我国具有活性炭生产用原料煤地区（宁夏回族自治区和山西省大同市）建成了各具产品特色的煤基活性炭生产基地。目前这两个地区已建成100多家活性炭生产厂，形成了近20万t的生产能力，产量约占我国煤基活性炭总产量的90%，其中约80%的产品出口。木质活性炭生产主要集中在江西、福建、浙江和江苏等地；果壳活性炭主要集中在河北、北京和山西等地。

---

* 本文发表在《煤质技术》2005年第6期，作者还有李书荣、王岭。

目前我国煤基活性炭生产采用的生产装置主要是我国20世纪50年代从苏联引进的斯列普炉和转炉，经过多次改进，炉体性能有了很大提高，这种炉型具有投资低、产品调整方便等特点，因此在我国煤基活性炭厂得到广泛应用；20世纪80年代初我国从英国引进了斯特克炉用于生产廉价的原煤破碎活性炭，在山西大同的部分活性炭厂推广应用，但由于这种炉型生产的活性炭质量低，山西大同的活性炭厂仍以斯列普炉为主；近年来随着我国煤基活性炭厂生产规模的扩大，这两种炉型由于生产规模小、自动化程度低和质量不稳定等原因，已无法满足我国煤基活性炭生产发展的需要，我国活性炭厂已开始从美国引进生产能力大、自动化程度高、产品质量高的多膛炉（耙式炉），但由于多种原因至今不能正常运转；目前我国仍有部分企业正在准备引进多膛炉，建设年产量超万吨的大型煤基活性炭厂。

活性炭产品是一种原料技术型产品，原料性质对活性炭产品性质影响很大。煤炭科学研究总院北京煤化工研究分院活性炭研究室是我国专门研究煤基活性炭生产技术的国家级研究机构，发现了多种适合活性炭生产的原料煤，为我国煤基活性炭生产发展奠定了基础。煤基活性炭生产技术发展主要经历了单种煤生产活性炭、配煤生产活性炭及催化活化生产活性炭等三个阶段。

单种煤生产活性炭是我国最早采用的一种生产工艺，由于我国具有生产活性炭的优质原料煤种，虽然我国活性炭厂生产设备和工艺技术落后，但我国的煤基活性炭产品依靠原料煤的优势仍然跻身国际市场，因此这种生产工艺至今仍被我国大部分活性炭厂采用，但受落后生产工艺的限制，活性炭产品性能很难大幅度提高。为了弥补单种煤生产活性炭产品性能的缺陷，近年来研究开发了把性质不同的煤按一定比例配合生产活性炭的配煤生产工艺技术，采用这种生产工艺可以在一定范围内改善、提高活性炭产品性能，我国许多活性炭厂已采用这种新工艺生产活性炭产品。为了生产某些具有特殊吸附性能的优质活性炭产品，在活性炭生产的炭化、活化过程中加入催化剂，催化炭与水蒸气的活化反应，改变活化成孔机理，提高活性炭产品吸附性能，这种活性炭生产方法被称为催化活化法，煤炭科学研究总院北京煤化工分院在国内率先开发成功这种活性炭生产技术，申请获得国家发明专利。目前这一生产工艺正在我国活性炭厂推广，生产各种高吸附性能的煤基活性炭产品[2]。

在活性炭生产用原料煤处理方面，我国正在研究开发煤的深度脱灰技术，经过特殊洗选处理，煤的灰分可降到2%左右，以这种低灰煤为原料，可生产出性能优异、杂质含量低、用途广泛的煤基活性炭产品。

我国活性炭标准也是20世纪50年代从苏联全套引进的，这些标准包括活性炭检验方法和部分活性炭产品标准，大部分与军事防护有关，和环保有关的活性炭检测标准比较少，当时这些标准对推动我国活性炭的生产和应用的发展发挥了巨大作用。近十几年来，随着我国活性炭生产的高速发展和我国活性炭产品出口量的增加，我国活性炭产品的检验方法和标准做了较大改进，以便于我国活性炭产品出口。

2 我国活性炭生产技术发展趋势与标准化

煤是最廉价、来源最稳定的活性炭生产用原料，在品种繁多的活性炭产品家族中，煤基活性炭是最廉价的活性炭产品，随着煤基活性炭生产技术的进步及煤基活性炭产品质量和性能的提高，煤基活性炭的应用领域越来越广，目前除医药等少数领域外，几乎所有应用活性炭的领域都采用煤基活性炭，煤基活性炭是目前国内外产量最大的活性炭产品，约占活性炭总产量的70%。

我国煤炭资源丰富，品种齐全，在生产活性炭原料煤方面具有独特的优势，这是我国煤基活性炭生产发展的基础。此外我国还具有劳动力、原材料价格便宜，活性炭加工生产成本低等优势。在过去的十几年，依靠这些优势，我国煤基活性炭产品跻身国际市场，使我国成为国际市场上最大的活性炭出口国。从长远发展的观点来看，我国在煤炭资源和劳动力方面的优势将依然存在，而且随着国内外环境保护力度的加强，国内外活性炭需求仍然会大幅度增加，因此我国煤基活性炭生产具有良好的发展前景，煤基活性炭生产将逐渐转移到煤炭资源丰富地区。我国煤基活性炭生产将向着产品多元化、生产规模大型化的方向发展，其应用领域将越来越广。我们应加强活性炭生产技术和新产品的开发，开发生产高档活性炭产品，缩小我国和发达国家在生产技术方面的差距，保持我国在煤基活性炭生产方面的优势[3]。

由于我国活性炭产品大部分出口，国内活性炭应用比较少，国内活性炭应用研究落后。和国内活性炭生产技术发展相比，我国活性炭标准化发展缓慢，存在许多问题，如活性炭产品标准比较少，指标体系不完整，检测方法和国际通用方法不接轨，不能指导用户应用等。

近年来，随着我国活性炭应用领域的扩大，我国活性炭标准化滞后的问题日益突出。目前国内已有许多部门开始开展活性炭标准化的研究工作，我国水处理部门正在开展活性炭净化水的研究，以此为基础制订我国水处理用活性炭的产品标准；煤炭科学研究总院和我国电力部门有关单位正在合作开展活性炭烟气脱硫的研究，以此为基础已制订烟气脱硫用活性炭标准，这些活性炭产品标准的制订将促进我国活性炭生产和应用的高速发展。此外，煤炭科学研究总院根据我国活性炭产品出口检测的需要，制订了十来种和国际接轨的活性炭检测方法，为推动我国活性炭产品出口作出贡献[4]。

3　活性炭产品市场对标准化的要求

活性炭作为一种炭质吸附材料广泛应用于气相和液相的吸附净化，销售半径大，常常是一国生产多国使用，销售市场遍布全世界。我国近年来每年出口活性炭十多万t，东南亚出口7万t左右，日本、美国及欧洲活性炭出口量也在2～4万t。美国、日本、德国和我国均有自己的活性炭标准体系，这些标准的差异妨碍了活性炭国际贸易的顺利进行，因此发展科学、完整的和国际接轨的活性炭产品标准和检测方法对推动我国活性炭产品出口具有重要意义；此外，活性炭产品种类多，按活性炭的生产原料、用途和性能划分，国内有一百多种，国外有近千种，因此对活性炭物理性能、吸附性能和化学性能进行准确分析检测，制订科学的活性炭产品标准和检测方法，对推动活性炭的生产和应用也是非常重要的。

为了控制活性炭产品的质量和指导活性炭的应用，建立了许多种活性炭性能的检测方法，一般可分为活性炭性能检验、微观结构检验和应用模拟评价检验等。活性炭的性能检验应用最广泛，主要包括物理性能检验、吸附性能检验和化学性能检验等，主要检测指标有碘值、亚甲蓝、四氯化碳、比表面积、孔径分布、苯吸附、强度、堆密度、灰分和挥发分等。目前在我国活性炭生产和销售中主要采用的活性炭检测方法有中国方法（GB）、美国方法（ASTM）和日本方法（JIS）等。由于在我国活性炭生产、贸易和应用中采用的活性炭检测方法比较多，常常因为检测方法不同，使用户和生产单位对产品的质量看法不一致，造成贸易混乱，给生产厂或用户造成损失。因此建立与国际接轨的活性炭检测方法和标准势在必行。

活性炭的检验方法随着活性炭应用领域的扩大而逐渐增加，为了便于活性炭的生产和应用，我国已制订了一些活性炭检测方法和产品标准，国标活性炭检测方法有22项，煤质颗粒活性炭产品标准有7项，但这些检测方法和标准远远满足不了国内活性炭生产、贸易和应用发展的需要，与工业发达国家相比，我国活性炭标准化还有许多工作需要去做。目前煤炭科学研究总院北京煤化工研究分院正在根据我国的需要制订煤炭行业活性炭标准，其中包括煤基活性炭用煤条件、煤基活性炭丁烷工作容量的测试方法、煤基活性炭吸附NH_3穿透时间和穿透容量的测定方法、煤基活性炭吸附SO_2饱和容量的测定方法、煤基活性炭吸苯等温线的试验方法和煤基活性炭水溶物的测试方法。这些测试方法是对我国煤基活性炭检测方法的重要补充，在指导活性炭生产和应用中将发挥重要的作用。随着活性炭应用领域的扩大，我们还要制订更多测试活性炭电化学性质、表面官能团性质的活性炭检测方法和活性炭产品标准，准确全面地表征活性炭的性能并指导生产。

4 活性炭标准化发展趋势

活性炭产品种类繁多，销售市场遍布世界，加快活性炭产品标准化对我国活性炭生产、贸易和应用的发展是非常重要的，是我国活性炭技术发展不可缺少的组成部分。

由于我国目前生产的活性炭产品大部分出口，国内活性炭用量比较少，因此国内活性炭生产厂只是根据国外用户的要求进行生产，国外用户怎么用却不清楚。我国活性炭应用研究滞后，使我国活性炭的标准化发展缓慢，影响了我国活性炭应用领域的扩大。我们应加强活性炭的应用基础研究，吸收国外工业发达国家的活性炭标准化经验，和国际标准接轨，建立科学完整的活性炭标准化体系，为我国活性炭生产、贸易和应用的健康发展作出贡献。

参考文献

[1] 张文辉，阎文瑞，刘春兰．国外活性炭应用及我国活性炭发展趋势[J]．煤，2001 (04): 10-12.
[2] 张文辉，李书荣，陈鹏，等．金属化合物对太西无烟煤制备活性炭影响的研究[J]．煤炭转化，2000 (03): 82-84.
[3] 张文辉，梁大明．我国煤基活性炭发展趋势探析[J]．煤质技术，2003 (04): 26-28.
[4] 王岭，李书荣，张文辉.活性炭检测技术介绍[J]．煤质技术，2003 (06): 38-41.

2-12

活性焦烟气脱硫中试研究*

摘要：介绍了先进的活性焦干法脱硫技术原理和处理烟气量1000m^3/h活性焦烟气脱硫中试试验结果。试验结果表明：活性焦烟气脱硫工艺可行，操作简单，运行稳定可靠，具有脱硫效率高、脱硫过程不用水和不对环境造成二次污染等优点；交叉移动床反应器和列管式反应器能满足活性焦烟气脱硫工艺的要求，设备选型合理。活性焦烟气脱硫工艺在我国具有良好的推广应用前景。

关键词：活性焦；烟气；脱硫

1 前言

中国是世界上最大的煤炭生产国和消费国，煤炭的大量开采和低效利用带来严重的环境污染，导致我国酸雨覆盖区占国土面积的30%。据统计，1997年我国因SO_2污染造成的损失达到1100亿元，与此同时，SO_2的大量排放也造成了我国硫资源的大量损失[1]。

近年来我国政府十分重视环境问题，发展洁净煤技术已成为我国可持续发展战略之一。由于我国大气污染主要是由燃煤引起的，因此烟气净化技术是我国重点开发的洁净煤技术，为此国内引进了多种国外成熟的烟气脱硫技术，其中大部分是湿法脱硫技术，但由于种种原因，这些湿法脱硫技术均未在国内电厂广泛推广应用。

我国是世界上水资源严重缺乏的国家之一，我国许多电厂处于水资源严重缺乏地区，由于严重缺水，这些电厂不可能采用大量耗水的湿法脱硫技术，而国外现有干法脱硫技术由于成本高，难以在我国电厂推广应用。因此开发适合我国国

---

* 本文发表于《第9届全国电除尘学术会议/第1届全国脱硫学术会议论文集》(2001年)，作者还有肖友国、刘春兰、刘静。相关研究获得华电集团科技进步二等奖、江苏省科技进步三等奖。参加此项目工作的还有：王岭、阎文瑞、黄涛、夏庆余、辛昌霞。

情的低成本干法脱硫技术是我国目前烟气脱硫技术的研究开发重点。

活性焦脱硫技术是一种先进的干法脱硫技术，其脱硫原理是[2]：在一定温度条件下，活性焦吸附烟气中SO_2、氧和水蒸气，在活性焦表面活性点的催化作用下SO_2氧化为SO_3，SO_3与水蒸气反应生成硫酸，吸附在活性焦的表面。采用活性焦脱硫的干法烟气脱硫技术脱硫效率高、脱硫过程不用水，无废水、废渣等二次污染等问题，所以随着环保要求的日益提高，活性焦干法烟气脱硫技术引起越来越多国家的重视，逐渐在日本、德国等发达国家推广应用。

活性焦是一种烟气脱硫用活性炭。煤炭科学研究总院北京煤化学研究所经过多年试验研究，在国内率先开发成功这种活性炭产品并批量生产，向日本等工业发达国家出口。近年来，煤炭科学研究总院北京煤化学研究所和南京电力自动化设备总厂根据国内烟气脱硫的市场需求合作开发适合我国国情的活性焦烟气脱硫技术，进行了烟气量1000m^3/h的活性焦烟气脱硫中试试验研究。试验结果表明：根据我国国情开发的活性焦烟气脱硫工艺和装置脱硫效率高、操作运行稳定可靠、没有废水和废渣二次污染等问题，脱硫成本低，在我国具有良好的推广应用前景。

2 试验方案

2.1 活性焦

试验用活性焦为煤炭科学研究总院北京煤化学研究所开发研制的活性焦，其主要吸附性能和物理性能见表1。从表1可以看出，试验用活性焦具有良好的脱硫性能和机械强度。

表1 活性焦吸附性能和物理性能

碘值/(mg/g)	比表面/(m^2/g)	SO_2吸附容量/(mg/g)	堆密度/(g/mL)	强度/%
400～500	290～350	60～120	0.6～0.7	>99

2.2 活性焦烟气脱硫工艺及装置

活性焦烟气脱硫工艺见图1，该工艺主要由模拟烟气系统、吸附脱硫系统和再生系统组成。

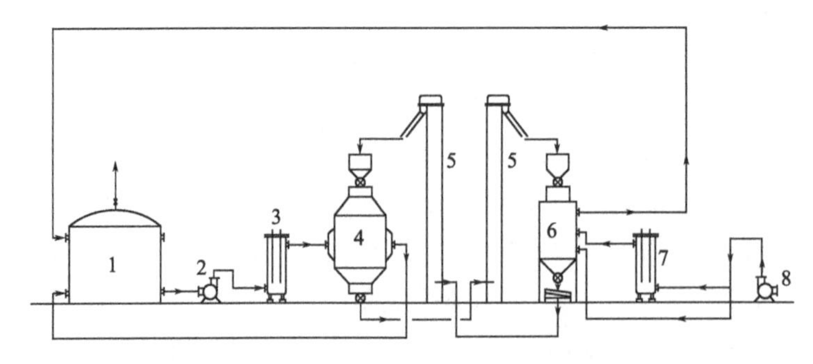

1—气柜；2—离心风机；3—加热器；4—活性焦吸附脱硫反应器；5—斗提机；
6—活性焦再生反应器；7—加热器；8—离心风机

图1　活性焦烟气脱硫中试试验研究工艺

模拟烟气系统主要由风机、气柜等组成，模拟烟气成分见表2。

表2　模拟烟气成分

N_2/%	O_2/%	H_2O/%	SO_2/（mg/m$_3$）
69 ～ 87	8 ～ 15	5 ～ 13	400 ～ 3600

吸附脱硫系统主要包括移动床反应器、上料系统和出料系统。移动床反应器为交叉移动床反应器，床层内活性焦的移动方向与烟气流动方向交叉，活性焦从反应器顶部连续加入，依靠重力从上往下移动，在移动过程中与烟气交叉接触，吸附脱除烟气中SO_2。吸附SO_2的活性焦从反应器底部连续排出，送到再生系统再生。

活性焦再生系统包括再生反应器、上料系统和出料系统。再生反应器为列管式反应器，吸附SO_2的活性焦从顶部加入，依靠外加热源把活性焦加热到300 ～ 600℃，使吸附在活性焦表面上的SO_2解析。解析SO_2的活性焦从再生反应器底部排出，送至吸附反应器循环使用。

3　结果及讨论

3.1　活性焦吸附脱硫

活性焦吸附脱除烟气中SO_2一般分为三个过程。首先烟气中SO_2、O_2和H_2O吸附在活性焦的表面，然后在活性焦表面活性点的作用下反应生成SO_3，最后SO_3转化为硫酸吸附在活性焦的表面。由于活性焦吸附脱硫过程为吸附催化气固反应，活性焦吸附饱和后需排出再生，同时补充新活性焦，此操作过程为连续操作。此外，由于电厂烟气流量大，要求床层阻力低，脱硫效率高。目前固定床、移动床反应器有逆流、并流及交叉流等多种形式，综合考虑各种因素选用交叉移动床反应器。

交叉移动床反应器SO_2脱除效率与气体停留时间、烟气温度、烟气中SO_2浓度和活性焦性能有关。实验室小试研究表明延长气体停留时间、降低烟气温度，提高烟气中氧含量和水蒸气的含量可提高SO_2脱除率。

在实验室小试的基础上进行烟气1000m^3/h活性焦脱硫中试试验研究，连续进行300h以上的实验，活性焦吸附脱硫反应器工艺参数随时间变化见图2。试验过程中活性焦吸附脱硫反应器进口SO_2浓度和出口SO_2浓度与时间的关系见图3。

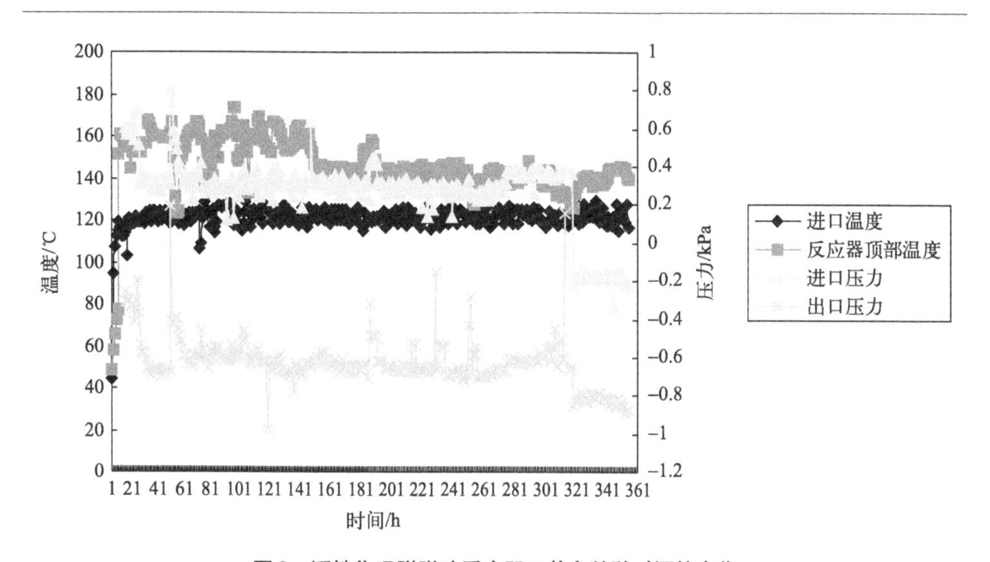

图2　活性焦吸附脱硫反应器工艺参数随时间的变化

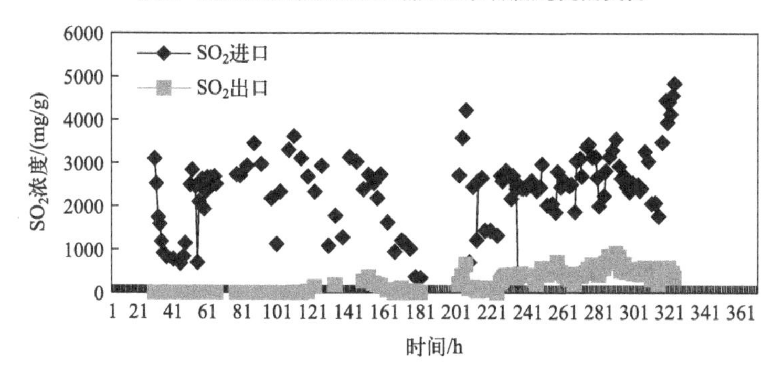

图3　活性焦吸附脱硫反应器进口SO_2浓度和出口SO_2浓度与时间的关系

从图2可以看出活性焦吸附脱硫反应器操作运行稳定可靠，反应器内床层温度高于反应器烟气进口温度，这主要是烟气中水蒸气、氧和SO_2等在活性焦表面吸附放热造成的；从图3可以看出活性焦吸附脱硫反应器出口SO_2随进口SO_2浓度和操作工艺条件的变化而变化，在一定工艺条件下SO_2脱除效率>98%。

3.2 活性焦再生

吸附SO_2的活性焦可用水洗和加热的方法再生，本中试试验研究采用加热方法再生吸附SO_2的活性焦，这样可以减少用水量，节省我国宝贵的水资源，另外可获得便于加工利用的高浓度SO_2气体，这种气体可根据市场需求，加工成浓硫酸、单质硫或化肥，不对环境造成二次污染。活性焦再生反应器采用列管式反应器，外供热源，间接加热，加热温度为300 ～ 600℃。

活性焦在反应器中停留时间为30 ～ 120min，在此中试试验过程中，再生反应器连续运行200多小时，再生反应器操作运行参数随时间的变化见图4。从图4可以看出活性焦再生反应器操作运行稳定可靠。

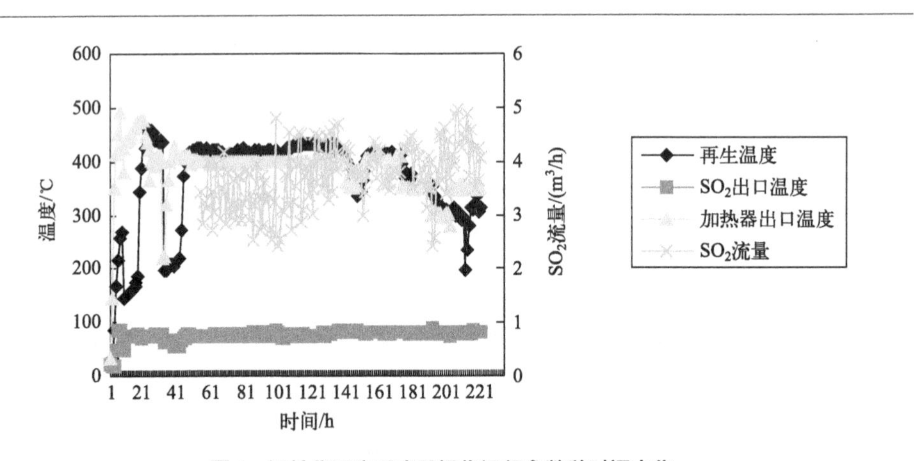

图4　活性焦再生反应器操作运行参数随时间变化

试验结果表明用这种再生反应器可使活性焦很好地再生，恢复脱硫活性，满足脱硫工艺连续运行的要求。

再生气体含有高浓度SO_2，冷却后分析其气体主要成分见表3。从表3可以看出再生气体SO_2浓度>40%，这种高浓度SO_2气体可加工成硫酸、单质硫和化肥，不会对环境造成二次污染。

表3 再生气体主要成分

成分	CO	CO_2	SO_2	O_2
含量/%	1.0	46.3	48.2	1.0

4 结论

试验结果表明：活性焦烟气脱硫工艺可行，操作简单，运行稳定可靠，具有脱硫效率高，脱硫过程无水耗和不对环境造成二次污染等优点；交叉移动床反应器和列管式反应器能满足活性焦烟气脱硫工艺的要求，设备选型合理。活性焦烟气脱硫工艺在我国具有良好的推广应用前景，应在此基础上进行工业示范试验研究，以便使得活性焦烟气脱硫技术尽早在我国推广应用。

参考文献

[1] Zhu D R, Yu Z F. Market analysis of clean coal technologies in China [C]// Proceedings of second international symposium on clean coal technology. Beijing: 10-25.

[2] Karl K, Ekkehard R, Harald J. Application of active coke in processes of SO_2 and NO_x removal from flue gas [J]. Fuel, 1981, 160: 832-838.

2-13

国内外活性焦烟气脱硫技术发展概况*

摘要：本文介绍了德国、日本活性焦烟气脱硫技术的发展历程和应用现状，重点分析介绍了我国活性焦烟气脱硫技术的研究进展。我国从20世纪90年代初开始研究活性焦烟气脱硫技术，目前已成功开发烟气脱硫用活性焦，正在开发活性焦烟气脱硫装置和工艺技术。由于我国许多地区富煤缺水，活性焦生产成本低、价格低廉，且活性焦烟气脱硫技术脱硫过程不消耗水，主要消耗活性焦，因此我国具有开发活性焦烟气脱硫技术的基础和优势，活性焦烟气脱硫技术是适合我国国情的烟气脱硫技术。

关键词：烟气脱硫；活性焦

1 前言

活性焦烟气脱硫技术是一种干法烟气脱硫技术，国外早在20世纪60年代就开始研究开发活性焦烟气脱硫技术，80年代中期完成工业示范，开始工业化应用，至今在日本、德国已建成多套工业装置。我国从90年代开始根据我国国情开发活性焦烟气脱硫技术。用于烟气脱硫的活性焦已开发成功，并批量生产出口。活性焦烟气脱硫装置正在开发，已完成烟气处理量1000m^3/h的中试试验研究，目前正在进行工业试验，预计2005年具有我国特色和独立知识产权的活性焦烟气脱硫技术就可以投入商业化运行。

活性焦烟气脱硫原理是：利用活性焦的吸附特性和催化特性使烟气中SO_2与烟气中的水蒸气和氧反应生成H_2SO_4吸附在活性焦的表面，吸附SO_2的活性焦加热后再生，释放出高浓度SO_2气体，解吸SO_2的活性焦循环使用，高浓度SO_2气体可加工成硫酸、单质硫等多种化工产品。

---

* 本文发表于《2003全国SO_2排放总量控制及排污交易政策高级研讨会暨SO_2治理技术交流会论文集》，作者还有刘春兰、刘静、肖友国。

活性焦烟气脱硫技术工艺过程简单，脱硫过程不消耗水，活性焦可循环使用，副产品易加工处理，不存在废水、废渣等二次污染问题。

我国煤炭资源丰富，具有生产活性焦的廉价优质煤炭资源。我国生产的活性焦是世界最廉价的活性焦产品，因此我国具有开发活性焦烟气脱硫技术的基础。此外，我国是世界水资源严重短缺的国家，人均水资源占有量仅为世界平均水平的1/3，因此开发不消耗水或节水型的烟气脱硫工业技术对我国经济持续稳定发展及社会安定具有特殊重要的意义。综上所述，活性焦烟气脱硫技术是适合我国国情的烟气脱硫技术，此项技术的开发受到国家有关部门及专家的高度重视，被列入国家“863”高科技发展计划。

2 国外活性焦烟气脱硫技术

2.1 德国活性焦烟气脱硫技术研究

德国从20世纪60年代开始进行活性焦烟气脱硫技术的研究开发[1, 2]，在中试研究试验的基础上，在1974年和1975年分别建成两套活性焦烟气脱硫装置进行工业示范，烟气处理量分别为15万m^3/h和7.5万m^3/h。

15万m^3/h的活性焦烟气脱硫系统主要包括：活性焦脱硫反应器、活性焦再生反应器和SO_2气体回收加工装置。脱硫用活性焦是以煤为原料生产的直径9mm的柱状活性焦。

活性焦脱硫反应器为圆形反应器，活性焦脱硫温度为110 ～ 150℃，活性焦在反应器内从上到下依靠重力缓慢移动，从底部排出，筛分清除灰分后，送入活性焦再生反应器。

活性焦再生反应器为移动床反应器。吸附SO_2的活性焦与加热到600 ～ 720℃的砂子混合装入再生反应器，活性焦从上往下移动，在反应器内停留10～20min，排出反应器的活性焦经筛分分离处理后送回活性焦脱硫反应器循环使用；热砂子靠气流输送到再生反应器顶部，与吸附SO_2的活性焦混合装入再生反应器。从再生反应器出来的高浓度SO_2气体送到克劳斯装置生产硫黄；在克劳斯装置中用城市煤气作还原剂生产克劳斯装置生产需要的H_2S气体。此套装置在一定工艺条件下，脱硫效率大于80%。

7.5万m^3/h的活性焦烟气脱硫系统和15万m^3/h活性焦烟气脱硫系统的主要区别是：采用两段脱硫反应器脱除SO_2的同时，也可以脱除NO_x，脱除效率15%～60%，再生反应器为流化床反应器，采用Resox-Process生产硫黄。

德国的活性焦烟气脱硫工业示范研究证明活性焦烟气脱硫在技术上是可行的，具有工艺简单、节水、环境效益好等优点，为日本等其他国家开发活性焦烟气脱硫及活性焦烟气净化技术奠定了基础。

2.2 日本活性焦烟气脱硫技术研究

由于活性焦烟气脱硫技术优异的工艺性能，日本从20世纪80年代开始与德国合作研究开发活性焦烟气脱硫技术，1984年建成烟气处理量为3万m^3/h的活性焦烟气脱硫装置，并投入商业运营[3]。

日本开发的活性焦烟气脱硫工艺与德国开发的略有不同。日本采用两段脱硫反应器，可以同时脱除SO_2和NO_x，SO_2脱除效率大于99%，NO_x脱除效率大于85%，满足了日本等工业发达国家严格的环保要求，在环境保护要求严格的国家有应用市场。活性焦再生反应器采用间接加热的管式移动床反应器，用热烟气为加热介质，和德国开发的活性焦烟气脱硫工艺相比，再生工艺简单，便于操作，使活性焦烟气脱硫工艺得到广泛推广应用成为可能。再生得到的高浓度SO_2气体可根据需要加工成单质硫和硫酸等多种化工产品。

到目前为止，德国、日本已建成多套活性焦烟气脱硫、脱硝装置，最大烟气处理量达到130万m^3/h，活性焦烟气脱硫技术已是成熟可靠的烟气脱硫技术，已进入大规模推广应用阶段。国外活性焦烟气脱硫技术商业运行表明活性焦烟气脱硫技术是环境性能良好的烟气净化技术，烟气处理量越大，其经济性能越好，尤其适合大型燃煤机组的烟气脱硫。国外多年的工程实践证明活性焦烟气脱硫技术具有以下优点：

① 烟气净化效率高，脱硫效率大于98%。

② 烟气脱硫反应在110~150℃进行，不需烟气加热装置。

③ 脱硫过程不用水，适用于水资源缺乏地区。

④ 用活性焦作吸附剂，可再生循环利用，成本较低。

⑤ 装置占地面积小。

⑥ 可副产硫酸、硫黄等多种副产品。

⑦ 具有良好的环保性能，不对环境造成二次污染。

在国外，活性焦烟气脱硫技术是一种投资比较高的烟气脱硫技术。主要原因是此工艺采用的脱硫活性焦生产成本高，价格昂贵。在日本、德国，烟气脱硫用柱状活性焦市场价2万元/t左右，因此国外活性焦脱硫成本偏高。工业发达国家采用活性焦烟气脱硫技术的主要原因是活性焦烟气脱硫技术具有良好的环保性能，可以满足工业发达国家严格的环保要求。

近年来，活性焦烟气脱硫技术经改进也用于垃圾焚烧厂烟气的深度净化。为了减少投资，采用廉价的破碎活性焦，不设再生装置，活性焦一次性使用，因此使整套装置投资大幅度降低。

3 我国活性焦烟气脱硫技术研究开发现状

我国活性焦烟气脱硫技术的研究包括脱硫剂活性焦研究和活性焦脱硫装置和工艺开发两部分。

我国煤炭资源丰富，品种齐全，具有生产优质活性焦的煤炭资源。我国煤炭科学研究总院等单位从20世纪90年代初就开始研究开发烟气脱硫用活性焦，成功开发柱状、破碎状等多种活性焦产品，并出口日本、德国等工业发达国家[4,5]，用于国外活性焦烟气脱硫装置。由于我国生产的活性焦质优、价廉，出口量逐年增加。目前我国活性焦市场价在3000～6000元左右，远远低于国际市场价，因此，世界烟气脱硫用活性焦生产中心正逐步向中国转移。目前国际市场上烟气脱硫用柱状活性焦约30%是以我国煤为原料生产的，在未来几年内我国将成为世界烟气脱硫用活性焦最大的生产基地。我国烟气脱硫用活性焦生产的迅速发展为我国开发具有中国特色的活性焦烟气脱硫装置和工艺技术奠定了基础。

随着国内环境保护力度的加强，国内对电厂烟气脱硫越来越重视，烟气排放SO_2罚款越来越高，对燃煤电厂排放烟气进行脱硫处理势在必行。但我国地域面积大，各地资源条件差异很大，一种脱硫技术难以满足我国各地燃煤电厂的烟气脱硫的需求。根据我国各地区的实际情况开发烟气脱硫技术是加快我国烟气脱硫进程的重要措施之一。

我国许多地区严重缺水，国外工业发达国家普遍采用的湿法脱硫技术在我国富煤缺水地区无法推广应用。因此，根据我国各地的实际情况开发干法烟气脱硫技术对我国推广烟气脱硫技术是非常必要的。由于活性焦干法烟气脱硫技术优异的工艺性能适合我国国情，适用于我国富煤缺水地区的燃煤电厂烟气脱硫，因此国家电力公司南京电力自动化设备总厂与煤炭科学研究总院联合开发活性焦烟气脱硫技术，成功进行了中试试验研究[6]，研究结果得到了国内专家的认可。此项目的工业示范研究列入国家“863”高科技发展计划，目前正在实施中，预计2004年可以完成全部工业试验工作，2005年具有我国特色和独立知识产权的活性焦烟气脱硫技术可以投入商业化运行。

由于我国环保要求比较低，目前仅要求控制SO_2的排放量，不要求控制NO_x，因此国内开发的活性焦烟气净化工艺仅考虑脱硫，不考虑NO_x的脱除（但预留了脱除NO_x的装置接口），因此活性焦烟气脱硫技术投资显著降低。由于国内生产的活性焦价格廉价、设备加工费低，因此我国活性焦烟气脱硫技术成本比较低，初步测算投资低于450元/kWh，是一种具有较强市场竞争力的干法烟气脱硫技术。

4 结论

我国煤炭资源丰富，品种齐全，具有生产优质廉价活性焦的煤炭资源，具有开发活性焦烟气脱硫技术的基础和优势。

由于活性焦脱硫过程不用水，仅消耗以煤为原料生产的活性焦，而我国许多地区恰好富煤缺水，因此活性焦烟气脱硫技术是适合我国国情的烟气脱硫技术，我们应重视活性焦烟气脱硫技术的开发。根据我国各地区的实际情况，最大限度降低活性焦烟气脱硫技术成本，使之成为不仅是符合我国国情的烟气脱硫技术，而且尽早成为具有市场竞争力的烟气脱硫技术，为保护我国的大气环境作出贡献。

参考文献

[1] Knoblauch K, Juntgen H, Peters W. The bergbau-forschung process for desulfurization of flue gases [C]// The Fourth International Clean Air Congress. Tokyo, 1977: 722-726.

[2] Karl K, Ekkehard R, Harald J. Application of active coke in processes of SO_2 and NO_x removal from flue gases [J]. Fuel, 1981, 60 (9): 832-838.

[3] Kazuhiko T, Shiraishi I. Combined desulfurization denitrification and reduction of air toxics using activated coke [J]. Fuel, 1997, 76 (6): 549-553.

[4] 张文辉，阎文瑞，刘春兰. 国外活性炭应用及我国活性炭发展趋势[J]. 煤，2001 (4): 10-12.

[5] Zhang W H, Wang L, Li S R. Effect of HNO_3 treatment on SO_2 adsorption capacity of activated carbon prepared from Chinese low-rank coal [C]. Proceedings of Second International Symposium on Clean Coal Technology. Beijing, 1999: 532-536.

[6] 张文辉，肖友国，刘春兰，等. 活性焦烟气脱硫中试研究 [C]//第九届全国电除尘/第一届脱硫学术会议. 厦门，2001: 397-400.

2-14

吸附SO_2活性焦再生解吸机理分析*

摘要：活性焦烟气脱硫技术是一种先进的干法烟气脱硫技术，该技术主要包括活性焦吸附脱硫、活性焦解吸再生和SO_2加工等三个操作单元，其中活性焦再生过程中活性焦损耗最大，既包括化学损耗，也包括机械损耗，日本中试结果是：一般1kg活性焦还原解吸约6kg SO_2，若不能减少再生过程中活性焦的损耗，则将降低整个活性焦脱硫技术的脱硫效率，增加脱硫成本，因此减少活性焦再生过程的损耗，是降低活性焦脱硫技术成本的关键之一。

关键词：活性焦；烟气；脱硫

1 前言

活性焦烟气脱硫技术是一种先进的干法烟气脱硫技术，该技术主要包括活性焦吸附脱硫、活性焦解吸再生和SO_2加工等三个操作单元。德国、日本等工业发达国家从20世纪60年代就开始研究开发此项技术，20世纪80年代末开始推广应用，至今国外已建成十几套活性焦烟气脱硫装置。

活性焦烟气脱硫技术有很多优点，如脱硫过程不消耗水、SO_2可以回收等。但活性焦烟气脱硫技术有其适用范围，不是所有烟气脱硫均可用活性焦烟气脱硫技术。国内外活性焦烟气脱硫技术的研究表明，这种以吸附为基础的烟气净化技术，适合低浓度污染物烟气脱硫净化，尤其适合多种低浓度污染物的同时脱除，否则活性焦再生解吸次数频繁，活性焦损耗大，将导致活性焦脱硫成本增加。

活性焦再生是活性焦烟气脱硫中三个操作单元中活性焦损耗最大的操作单元，既包括化学损耗，也包括机械损耗，若不能减少再生过程中活性焦的损耗，则整个活性焦脱硫技术的脱硫效率降低，增加脱硫成本，因此减少活性焦再生过程的损耗，是降低活性焦脱硫成本的关键之一。本文分析了活性焦再生过程原理，讨论分析了降低活性焦脱硫成本的几种途径。

---

* 本文发表于《第21届炭·石墨材料学术会论文集》(2008年)。

2 活性焦再生解吸原理

活性焦烟气脱硫技术原理是：利用活性焦的吸附特性和催化特性使烟气中SO_2与烟气中的水蒸气和氧反应生成H_2SO_4吸附在活性焦的表面，吸附H_2SO_4的活性焦通过加热再生，释放出高浓度SO_2气体，再生后的活性焦循环使用，高浓度SO_2气体可加工成硫酸、单质硫等多种化工产品。

在活性焦再生过程中发生如下化学反应：

$$2H_2SO_4 + C = 2SO_2 + CO_2 + 2H_2O \quad (1)$$

从化学反应方程式（1）可以看出，消耗1mol碳可解吸 2mol SO_2，其质量比为1∶10.6，也就是消耗1kg碳，解吸10.6kg SO_2。在实际生产中，由于化学反应时间和反应速度的限制，此反应不可能100%进行，因此，理论上是消耗1kg碳最多解吸10.6kg SO_2，这在实际生产中是不可能达到的数值。

由于在实际脱硫过程中采用的活性焦不可能是纯碳，一般活性焦含有15%的灰分、3% ～ 5%的水分，还含有约2%的氧、氢、硫等杂质。一般可以参与再生反应的炭占活性焦产品的80%，因此消耗1kg活性焦，不考虑活性焦机械损耗，理论上可以解吸8.5kg SO_2。

由于活性焦脱硫和再生均采用移动床反应器，活性焦在反应器中移动，因此活性焦在脱硫和再生过程中存在机械损耗。一般每个脱硫、再生循环中，活性焦的损耗是活性焦循环量的1% ～ 2%，因此综合考虑活性焦再生过程中化学损耗、机械损耗等因素。一般消耗1kg活性焦，解吸SO_2不超过7kg。日本公开的中试研究试验结果是：消耗1kg活性焦，解吸SO_2在6kg左右，若活性焦灰分含量高、强度较差，则消耗1kg活性焦，解吸SO_2在5kg左右，若活性焦市场价格为6000元/t，则脱除1t SO_2，活性焦的成本是1000 ～ 1200元，因此研究减少活性焦再生过程中的损耗是降低活性焦烟气脱硫成本的关键之一。

3 降低再生解吸过程中活性焦损耗的途径

3.1 科学选用活性焦烟气脱硫技术，减少活性焦再生次数，降低活性焦损耗

国内外活性焦吸附净化技术研究成果表明，以吸附为基础的净化技术，受吸

附容量和吸附速度的限制，适合低浓度污染物的脱除，而且脱除率高，可以达到99%以上。目前国外一般将活性焦烟气净化技术用于SO_2浓度在300mg/kg左右的烟气净化，最高不超过450mg/kg。

烟气中SO_2浓度低，则活性焦在反应器内循环周期长、再生次数少、机械消耗少，活性焦在脱硫再生过程中的化学损耗少，活性焦烟气脱硫成本低，其技术经济性能好。

此外，活性焦用于低浓度污染物的脱除净化还可以减少吸附升温，降低发生着火、爆炸等灾难性事故的概率，提高活性焦脱硫装置运行的安全性。

3.2 提高活性焦性能

提高活性焦性能，不仅要提高活性焦的脱硫性能，提高活性焦的硫容，而且要提高活性焦的强度，减少活性焦中灰分的含量，提高活性焦中碳的含量。

在活性焦再生过程中，化学损耗是很难减少的，应提高活性焦的强度，改善焦的流动性能，减少机械损耗。

在脱硫、再生循环中，提高活性焦的强度可以显著减少活性焦的破损率，不仅降低了活性焦损耗，而且改善了床层的透气性能，减少了床层阻力，从而减少电耗。

烟气脱硫活性焦主要性能指标要求如下：

（1）硫容

硫容是指活性焦脱除烟气中SO_2的能力，不论活性焦吸附能力高低，只要硫容高均可以考虑用于烟气脱硫。活性焦脱硫过程以吸附催化氧化过程为主，不是常规活性炭的简单物理吸附，在有氧气和水蒸气存在的条件下，SO_2在活性焦内表面转化为吸附态的H_2SO_4。活性焦吸附饱和后，加热再生。在高温条件下，吸附在活性焦表面的H_2SO_4与活性焦中的碳发生还原反应，生成浓度为20%～40%的SO_2气体，再生后，符合粒度要求的活性焦可循环使用。

活性焦硫容主要与活性焦表面的化学结构和孔结构有关，与比表面不成正比。一般用于烟气脱硫的活性焦比表面比较低，烟气脱硫用活性焦生产工艺和原料与常规活性炭有很大差别。

一般活性焦的硫容除与活性焦本身的性能有关外，还与烟气中SO_2的浓度和烟气组成有关系，高浓度SO_2脱除与低浓度SO_2脱除选用的活性焦的性能差异很大，也就是说，有些活性焦适合高浓度SO_2脱除，有些活性焦适合低浓度SO_2脱除，应根据活性焦的脱硫工艺条件确定活性焦性能、生产原料和工艺，否则会降低脱硫效率，增加脱硫成本。

（2）强度

由于电厂及工业窑炉烟气量比较大，因此活性焦装置也比较大，装置容积从几百立方米到几千立方米，装置高达数十米，而且反应装置为移动式，活性焦在装置内缓慢移动，如果活性焦强度比较差，则很容易在装置内破碎，降低反应器床层的透气性，提高床层阻力，使气体无法通过床层。因此烟气脱硫活性焦应有较高的强度，否则无法用于烟气脱硫。

由于活性焦强度较高，用常规活性炭强度方法检测一般均在99%以上，很难鉴别其强度高低，可用MS强度（又称为机械冲击强度）方法检测活性焦的强度，烟气脱硫用活性焦的MS强度应在98%以上。

（3）粒度

和常规活性炭相比，烟气脱硫用活性焦粒度都比较大，这主要是因为烟气中一般均含有一定数量的粉尘，当烟气通过活性焦床层时，部分粉尘会滞留在床层内。如果床层空隙率太小，则随着烟气中粉尘的沉积，床层阻力迅速增加，甚至烟气无法通过，因此烟气脱硫用活性焦颗粒度比较大。如果烟气中粉尘浓度比较低，则可以考虑适当降低活性焦的粒度。

（4）抗氧化性能

一般活性焦脱硫过程在100～180℃范围内进行，烟气中含有4%～8%的氧和8%～15%的水，氧和水及SO_2在活性焦表面的吸附将大量放热，使活性焦床层温度升高。如果活性焦抗氧化性能差，则容易使活性焦粉化并着火，造成恶性事故[2]。

吸附SO_2的活性焦在300～500℃范围内加热再生，虽然再生过程在隔绝空气的条件下进行，再生气中氧含量较低，但如果活性焦抗氧化性能比较差，则使活性焦在再生过程与氧反应，增加活性焦的损耗，使脱硫成本增加。

用活性焦进行高浓度SO_2脱除时，一定要求活性焦有较高的抗氧化性能。

（5）抗毒化能力

烟气脱硫用活性焦既是吸附剂，又是催化剂，应具有较好的抗毒化能力才能用于烟气净化。一般烟气中均有重金属和多种成分的粉尘，其成分与烟气产生方式有关，这些物质均有可能使活性焦失去活性，因此活性焦应有良好的孔径分布和具有抗毒化能力的活性点。这样才能保证活性焦具有一定的使用寿命和应用价值。我国一些单位研究的活性焦虽然硫容很高，但由于抗毒化能力差，因此没有工业应用价值，如果这种质量差的活性焦用于高浓度烟气脱硫，可能会造成灾难性事故。

3.3 提高再生效率，减少再生次数

吸附饱和的活性焦能否再生解吸彻底是决定整个脱硫系统效率的关键，若再生解吸不彻底，则再生解吸次数增加，不仅活性焦损耗增加，而且动力消耗也增加，则整个运行成本将急剧增加。提高再生效率的措施是增加活性焦中孔、大孔的数量，改善活性焦的吸附孔结构，减少不可逆吸附，从而提高再生解吸效率。

3.4 降低活性焦生产成本

若能降低活性焦生产成本，在活性焦消耗相同的情况下，也可以降低脱硫成本。脱硫用活性焦是以煤为原料生产的柱状活性焦，其生产工艺见图1，其生产原料主要是煤和焦油。受国内外石油价格上涨的影响，国内煤和焦油价格持续上涨，尤其是焦油价格，和前几年相比上涨了近2倍。因此近几年国内外烟气脱硫用活性焦价格持续上涨，其生产成本接近4000元/t，售价在5000～7000元/t，使柱状活性焦烟气脱硫技术在国内推广应用的经济性受到质疑，开发新型廉价活性焦烟气净化技术迫在眉睫。

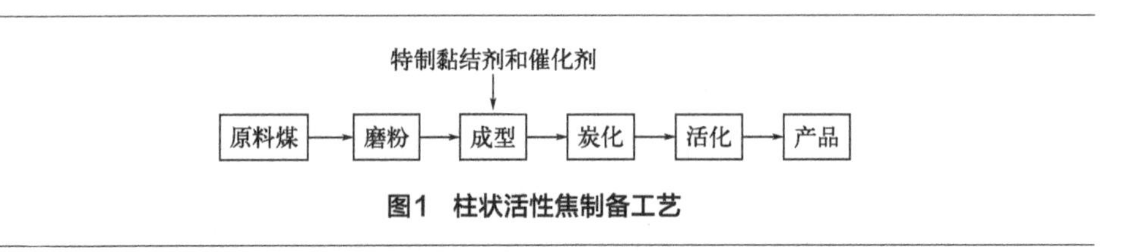

图1 柱状活性焦制备工艺

试验研究发现，活性焦的消耗占活性焦烟气脱硫技术总成本的50%～70%，因此，活性焦的价格是影响活性焦脱硫技术经济性能的关键因素。

目前降低活性焦烟气脱硫技术成本的主要途径是提高活性焦性能，降低活性焦的消耗和生产成本，其中，降低活性焦生产成本是降低活性焦烟气脱硫技术成本的关键。

4 结论

活性焦干法烟气脱硫技术是一种以吸附为基础的烟气净化技术，适合用于低浓度烟气污染物的净化。用于高浓度污染物的脱除和净化则再生次数频繁，不仅技术经济性能差，而且安全性能差。

活性焦的消耗占活性焦烟气脱硫技术总成本的50%～70%，活性焦主要在再生过程中消耗，既包括化学损耗，也包括机械损耗。日本的试验结果是：一般1kg活性焦还原解吸约6kg SO_2，若不能减少再生过程中活性焦的损耗，则将降低整个活性焦脱硫技术的脱硫效率，增加脱硫成本。正确选用活性焦烟气脱硫技术、提高活性焦的性能是减少活性焦再生过程中活性焦损耗的关键。

2-15

活性炭在控制减少我国大气环境污染方面的应用*

摘要：本文介绍了活性炭在控制减少我国大气环境污染方面的应用，主要介绍了活性炭在控制减少烟气SO_2排放、汽车燃油蒸发控制和工业生产过程中挥发溶剂回收等方面应用的技术原理、研究开发应用现状及对活性炭的质量要求等。

关键词：活性炭；大气；污染

随着工业生产的发展，我国大气环境污染越来越严重，已严重影响我国的经济发展和人民生活水平的提高。我国大气环境污染主要是煤炭的大量非洁净燃烧、汽车燃油蒸发、尾气排放和工业生产过程中挥发物的无控制排放等原因造成的。近年来，我国各级政府制订各种环保政策，采取各种措施控制减少煤炭利用、汽车和工业生产等对大气环境造成的污染，使我国大气环境质量明显提高，取得显著成效[1]。

活性炭是一种廉价的炭质吸附材料，可以用废弃的木料、果壳和煤等原料生产，由于煤来源稳定可靠，廉价易得，因此近十几年来以煤为原料的煤基活性炭生产得到高速发展，煤基活性炭产量约占活性炭总产量的70%。由于其独特的吸附特性和廉价的生产成本在控制减少大气环境污染中发挥着越来越重要的作用，是目前控制减少我国大气环境污染不可缺少的炭质吸附材料。本文主要介绍活性炭在我国控制减少燃煤烟气SO_2排放、汽车燃油蒸发控制和工业生产过程中挥发溶剂回收等方面的应用技术。

1 活性炭（焦）烟气脱硫技术

我国早在20世纪80年代初就开始研究活性炭烟气脱硫技术，用活性炭作脱硫

* 本文发表于《第九届全国大气环境学术会议论文集》（2002年），作者还有肖友国、肖红生。

剂，水洗再生制取硫酸，连产氮磷复合肥，并在四川豆坝电厂建成中试试验装置，取得较好的试验结果[2]，但由于种种原因至今没有大面积推广，本文对此项技术不作详细介绍。

自20世纪80年代以来，国外逐渐推广应用活性焦烟气脱硫技术，并展现出良好的应用发展前景。活性焦是以煤为原料经特殊生产工艺生产的一种用于烟气脱硫的特殊活性炭产品。煤炭科学研究总院北京煤化学研究所从20世纪90年代初开始研究开发烟气脱硫用活性炭（焦），1998年获得成功，并实现工业化生产。随后北京煤化学研究所与国家电力公司南京电力自动化设备总厂合作进行活性焦烟气脱硫工艺和设备的开发，已完成1000m^3/h活性焦烟气脱硫中试试验研究[3]。目前双方合作正在进行200000m^3/h活性焦烟气脱硫装置的开发，此项目已纳入国家“十五”863高科技发展计划。

1.1 活性焦烟气脱硫原理

活性焦烟气脱硫技术是一种先进的干法脱硫技术，其脱硫原理是：在一定温度条件下，活性焦吸附烟气中SO_2、氧和水蒸气等，在活性焦表面活性点的催化作用下SO_2氧化为SO_3，SO_3与水蒸气反应生成硫酸，吸附在活性焦的表面。采用活性焦脱硫的干法烟气脱硫技术脱硫效率高、脱硫过程无水耗，无废水、废渣等二次污染等问题，所以随着环保要求的日益提高，活性焦干法烟气脱硫技术引起越来越多国家的重视，逐渐在日本、德国等发达国家推广应用。

1.2 烟气脱硫技术对活性焦的质量要求

由于电厂烟气量大，所以用于电厂的脱硫反应器和普通反应器相比体积大，便要求活性焦不仅脱硫性能好，而且强度高、燃点高、透气性好，具有较好的抗氧化性能，并可多次循环使用。目前北京煤化学研究所已研制出用于烟气脱硫的活性焦产品，其主要吸附性能见表1。

表1 烟气脱硫用活性焦主要技术指标

强度/%	堆密度/(g/L)	燃点/℃	碘值/(mg/g)	SO_2吸附容量/(mg/g)
>99	600 ～ 700	>350	>400	>60

1.3 活性焦烟气脱硫技术特点

活性焦脱硫效率高，最高可达到99%，而且可以同时部分脱除烟气中氮氧化物、有机污染物和重金属等，具有多种污染物脱除净化功能。

活性焦脱硫过程不消耗水，是干法烟气脱硫技术。我国是世界上水资源严重缺乏的国家之一，我国许多电厂处于水资源严重缺乏地区，因此这些电厂不可能采用耗大量水的湿法脱硫技术，而国外现有干法脱硫技术成本高，难以在我国电厂推广应用。因此活性焦烟气脱硫技术是符合我国国情的烟气脱硫技术，在我国具有良好的推广应用前景。

脱硫用活性焦以煤为原料生产，原料来源广泛。我国是世界上最大的煤炭生产国和消费国，具有生产活性焦的优质煤炭资源，因此活性焦可以在我国以廉价大量生产，满足活性焦烟气脱硫的需要，使活性焦烟气脱硫成本显著降低。

脱除的SO_2可加工成多种产品，工艺适应范围广。活性焦烟气脱硫的副产品是浓度达到20%～50%的高浓度SO_2气体，可根据需要加工成液态二氧化硫、单质硫和浓硫酸等多种化工产品。

环保性能好，不对环境造成二次污染。活性焦烟气脱硫技术没有水污染，不再产生其他固体废弃物。活性焦因机械磨损产生的粉末状废料量很少，且废料可以作为燃料烧掉，不会对环境造成新的污染。

经济性能好。由于活性焦在我国可以廉价大量生产，而且可以回收具有一定附加值的化工产品，因此活性焦烟气脱硫技术在我国具有较好的经济性能，其装置造价和运行费用可以和湿法竞争。

1.4 活性焦烟气脱硫技术在我国的发展前景

中国是世界上最大的煤炭生产国和消费国，煤炭的大量开采和低效利用带来严重的环境污染，导致我国酸雨覆盖区占国土面积的30%。据统计，1997年我国因SO_2污染造成的损失达到1100亿元，与此同时，SO_2的大量排放也造成了我国硫资源的大量损失。

近年来我国政府十分重视环境问题，发展洁净煤技术已成为我国可持续发展战略之一。由于我国大气污染主要是由燃煤引起的，因此烟气净化技术是我国重点开发的洁净煤技术，为此国内引进了多种国外成熟的烟气脱硫技术，其中大部分是湿法脱硫技术，但由于种种原因，这些湿法脱硫技术均未在国内电厂广泛推广应用。

综上所述，活性焦干法烟气脱硫技术是与我国煤炭资源丰富、水资源严重缺乏特点相吻合的符合我国国情的烟气脱硫技术，在我国具有良好的应用发展前景。

2　活性炭汽车燃油蒸发控制技术

2.1　活性炭汽车燃油蒸发控制原理

汽车燃油蒸发控制系统主要由装填活性炭的碳罐、吸附控制阀、脱附控制阀和连接管路组成，其中碳罐和其装填的活性炭是此系统的关键部件。该系统在汽车停放时，把从汽油箱通气孔、化油器浮子室通气孔排放出的汽油蒸气吸附到碳罐的活性炭中储存起来，防止汽油蒸气排放到大气中。此过程称为碳罐的吸附过程。碳罐的这种工作能力除了碳罐结构以外主要决定于活性炭的吸附、脱附性能。

2.2　汽车燃油蒸发控制用活性炭质量要求

用于汽车燃油蒸发控制的活性炭不仅要有好的吸附性能，而且要求有好的脱附性能，而脱附性能和吸附性能之间没有必然联系[4]，因此一般的活性炭吸附性能评价指标（如碘值、亚甲蓝、四氯化碳等）不能准确评价活性炭的吸、脱附性能。国外专门制订新的检测方法——丁烷有效吸附工作容量来评价活性炭的吸、脱附性能。此检测方法用丁烷作吸附剂，在一定温度条件下用活性炭吸附丁烷，然后在一定条件下用空气脱附丁烷，单位体积活性炭丁烷吸附量减去丁烷脱附的残存量就是丁烷有效吸附工作容量，此值越高表明活性炭性能越好，这种检测指标能准确评价活性炭的吸、脱附能力，因此在国外得到了广泛的推广应用。

此外，用于汽车燃油蒸发控制的活性炭还要求强度高、耐磨性好、透气性好等，汽车用活性炭主要技术指标详见表2。目前，由于国外环境保护要求越来越严，国外对汽车用活性炭性能的要求越来越高。日本要求丁烷有效工作容量大于9g/100mL（日本企业标准）的活性炭才能用于汽车燃油蒸发控制，用一般方法生产的活性炭很难达到此项要求，需用特殊的生产方法和原料才能生产出达到此项要求的活性炭产品。目前我国的活性炭检测方法中还没有检测活性炭吸附性能和脱附性能的检测标准，煤炭科学研究总院北京煤化学研究所根据我国活性炭的实际检测水平和国外先进的活性炭检测标准正在研究我国检测活性炭吸、脱附性能的检测方法。

表2 汽车燃油蒸发控制用活性炭的主要技术指标

强度/%	堆密度/(g/L)	CCl_4吸附值/%	亚甲蓝/(mg/g)	丁烷有效吸附工作容量/(g/100mL)
>70%	250～450	80～110	>240	>9

2.3 我国汽车燃油蒸发控制用活性炭生产应用现状

我国已制定法规：从1996年开始，我国新出厂的汽车逐步都要安装采用活性炭的燃油蒸发控制装置，因此我国已有许多厂家开始生产汽车燃油蒸发控制用的碳罐。但由于我国生产的活性炭脱附性能较差，不能满足汽车燃油蒸发控制的要求，因此每年中国均进口大量汽车燃油蒸发控制用活性炭。

煤炭科学研究总院北京煤化学研究所活性炭研究室是我国专门从事煤基活性炭生产技术和产品开发的研究机构，经过多年努力，在国内率先成功研制汽车燃油蒸发控制用的高性能煤基活性炭产品[5]，该产品已批量生产并出口日本。由于国内外的需求量越来越大，目前正在扩大生产规模，满足国内外日益增长的市场需求。

3 活性炭吸附回收溶剂技术

在橡胶、塑料、纺织、印刷和油漆等许多工业生产过程中，均使用大量有机挥发溶剂，这些溶剂在产品制造和加工过程中挥发到大气中，既造成生产浪费、污染大气环境，又危害工人的身体健康。因此控制减少溶剂的挥发对许多工业生产过程来说是非常必要的，尤其是在广泛推广清洁生产技术的今天，溶剂回收技术是工业生产中不可缺少的技术。

3.1 活性炭溶剂回收原理

溶剂回收的目的是采用一定的方式将上述工业生产中排出的有机废气回收，

并在生产中重复使用，既减少了大气污染、保护了工人的身体健康，又降低了生产成本。采用活性炭的溶剂回收工艺是将含有溶剂蒸气的混合气体通入装填活性炭的反应器，依靠活性炭的选择吸附能力把溶剂蒸气吸附在活性炭上，脱除溶剂蒸气的净化空气从反应器另一端流出。活性炭吸附饱和后，停止吸附，然后进行再生，再生时一般用水蒸气，使吸附在活性炭上的溶剂脱除，再将解吸的蒸气冷凝，回收有机溶剂。再生后的活性炭经干燥冷却后再循环使用。

活性炭溶剂回收技术适于溶剂蒸气浓度为1 ～ 20g/m^{3}的气体回收溶剂[6]。其回收效率大于90%；溶剂蒸气浓度与空气混合物的浓度能够保持低于爆炸下限，所以生产比较安全；活性炭回收溶剂成本低，工艺简单，适用范围广。

3.2 回收溶剂技术对活性炭的质量要求

由于活性炭吸附回收溶剂过程是一个循环操作过程，因此吸附脱附各种有机溶剂要求活性炭的化学稳定性好、选择吸附能力强、吸附容量大、残留少、耐磨性好、床层阻力小。目前我国溶剂回收用活性炭已大量生产。煤基溶剂回收用活性炭生产主要集中在我国西北宁夏回族自治区及周边地区，主要生产煤基柱状活性炭，年生产能力已超过5万t，产品主要质量指标见表3。由于柱状活性炭和球形活性炭相比存在床层阻力大、气固接触面积小等问题，因此国外开发了一种球形活性炭用于溶剂回收，显著提高了溶剂回收效率，

目前，我国一些活性炭生产企业正在开发这种球形活性炭产品，但由于强度等问题没有得到很好解决，所以至今球形活性炭在我国没有大规模生产。

表3 煤基柱状溶剂回收活性炭主要质量指标

直径/mm	堆密度/(g/L)	灰分/%	CCl_4吸附值/%	碘值/(mg/g)
1.5 ～ 5	380 ～ 520	4 ～ 14	60 ～ 90	900 ～ 1050

3.3 活性炭回收溶剂技术在我国的应用

我国已在印刷、油漆、橡胶、火炸药、胶片、石棉制品、造纸和合成纤维等行业成功应用活性炭溶剂回收技术，普遍采用活性炭间歇固定床回收技术，取得显著的社会效益和环保效益。例如杭州新华造纸厂采用活性炭回收溶剂技术后，降低溶剂消耗约60%，年获纯利润约70万元，同时周边大气环境得到显著改善[6]；

北京铅笔厂、钢琴厂等单位采用国内新开发的活性炭溶剂回收技术后，工作环境中的大气质量显著提高，大气中苯、甲苯等有害物的含量从每立方米几百毫克降低为几十毫克，净化效率达到90%[7]；据资料介绍，国内某化纤厂采用活性炭回收溶剂技术回收二硫化碳，回收率接近90%，减少了大气污染，显著改善了工作环境并降低了生产成本[8]。目前我国已有许多行业采用活性炭溶剂回收技术回收溶剂，可回收十几种溶剂，有效控制、减少了大气污染，降低了生产成本。我国采用活性炭溶剂回收的行业和回收的溶剂详见表4。

表4　活性炭回收溶剂技术在我国的应用范围

应用范围	回收的溶剂
火炸药生产	乙醇、乙醚、丙酮
印刷和油墨	二甲苯、甲苯、苯、乙醇、粗汽油
干洗、金属脱脂	汽油、苯、四氯乙烯
合成纤维生产	乙醚、乙醇、丙酮、二硫化碳
橡胶工业	汽油、苯、甲苯
合成塑料	乙醇
胶片生产	乙醚、乙醇、丙酮、二氯甲烷
油漆生产	苯、甲苯、二甲苯
箔材生产	乙醚、乙醇、丙酮、二氯甲烷

4　结论

活性炭是一种以含碳材料为原料制备的炭质吸附材料，由于其良好的吸附性能和低廉的生产成本，在减少控制大气环境污染方面发挥着越来越重要的作用，广泛用于溶剂回收、汽车燃油蒸发控制等方面，在烟气脱硫方面具有良好的应用发展前景。国内应加强活性炭在控制减少大气污染方面的应用研究工作，使活性炭在控制减少大气污染方面发挥更重要的作用。

参考文献

[1] 李蕾. 我国大气污染状况及其防治对策[C]//第二届洁净煤技术国际研讨会. 北京，1999: 20-24.
[2] 陈文敏. 洁净煤技术基础[M]. 北京：煤炭工业出版社，1997: 322-348.

[3] 张文辉，等. 活性焦烟气脱硫中试研究[C]//第九届全国电除尘/脱硫学术会议. 厦门，2001: 397-400.
[4] 李书荣，张文辉，王岭，等. 太西无烟煤制活性炭孔隙结构分析. 洁净煤技术，2001, 7 (3): 54-56.
[5] 张文辉，梁大明. 活性炭生产新技术及新产品[C]//第18届炭石墨材料学术会论文集. 西安，2000: 21-25.
[6] 谢仲琼. 活性炭的应用——溶剂回收综述[C]//93全国活性炭学术会议论文集. 宜昌，1993: 67-79.
[7] 乔惠贤，等. 苯类废气净化[C]//1996全国活性炭学术交流会论文集. 烟台，1996: 307-310.
[8] 马兰，等. 活性炭吸附回收法治理粘胶工艺废气[C]//全国活性炭学术会议文集. 成都，2000: 228-231.

2-16
活性焦脱硝（NO_x）性能试验研究*

摘要：活性焦烟气脱硫技术是一种先进的干法烟气净化技术，用于烟气脱硫的活性焦在一定的工艺条件下，也可以脱除烟气中的NO。试验结果表明，在三种国产活性焦中煤炭科学研究总院研制的活性焦脱除NO性能最好。

关键词：活性焦；烟气；脱硝

1 前言

活性焦烟气脱硫技术是一种先进的干法脱硫技术，具有脱硫效率高、脱硫过程无水耗，无废水、废渣等二次污染等问题，所以随着环保要求的日益提高，活性焦干法烟气脱硫技术引起越来越多国家的重视，逐渐在日本、德国等发达国家推广应用[1]。

我国是世界上水资源严重缺乏的国家之一，我国许多电厂处于水资源严重缺乏地区，由于严重缺水，这些电厂不可能采用耗大量水的湿法脱硫技术，而国外现有干法脱硫技术由于成本高，难以在我国电厂推广应用。因此不消耗水且成本低的干法活性焦烟气脱硫技术在我国同样具有良好的推广前景。在国家“863”项目的支持下，煤炭科学研究总院北京煤化工研究分院与国内企业合作开发活性焦烟气脱硫技术获得成功，工业示范装置已投入运行。

近年来我国环保要求越来越严，从2004年7月开始对NO_x污染物的排放开始收费，国内许多燃煤电厂开始安装烟气脱硫装置和NO_x污染物的脱除装置，因此NO_x污染物脱除技术在国内有巨大的市场需求。

活性焦不仅可以脱除烟气中的SO_2，而且在一定条件下也可以脱除烟气中的NO_x等污染物，因此活性焦同时脱除SO_2和NO_x技术在国内有良好的应用前景。本文研

---

* 本文发表于2005年在北京举办的“第九届全国燃煤二氧化硫、氮氧化物污染治理技术及脱硫脱氮技术应用工程实例交流会”上，作者还有孙仲超、李雪飞、杜铭华、王岭、李书荣。

究了国产活性焦的NO_x脱除性能，为开发活性焦同时脱除SO_2和NO_x技术奠定基础。试验结果表明煤炭科学研究总院最新研制的活性焦，不仅具有良好的脱硫性能，而且具有较好的脱除NO的性能，NO脱除率在70%左右，具有良好的工业应用前景。

2 试验方案

2.1 活性焦

试验选用三种活性焦，两种为国内已生产的活性焦，其吸附性能和物理性能见表1；第三种为煤炭科学研究总院北京煤化工研究分院开发研制的活性焦，其主要吸附性能和物理性能见表1。活性焦制备工艺包括原料煤磨粉成型、炭化和活化等过程，其制备工艺流程见图1。在实验室磨粉采用球磨机，每次磨粉1～3kg，粉磨成400～600目，然后加入自制的黏结剂搅拌混捏，成型采用卧式螺旋挤压机，炭化、活化采用外热式回转炉，每次装料量100～500g，采用程序升温控制仪精确控制温度，制备的活性焦为圆柱状，直径为9mm，用NX表示，经酸、碱表面改性处理的活性焦用NX-O、NX-S表示。

表1 活性焦吸附性能和物理性能

名称	碘值/（mg/g）	堆密度/（g/mL）	强度/%
煤科院	467	0.66	>99
国产1	454	0.62	>99
国产2	476	0.66	>99

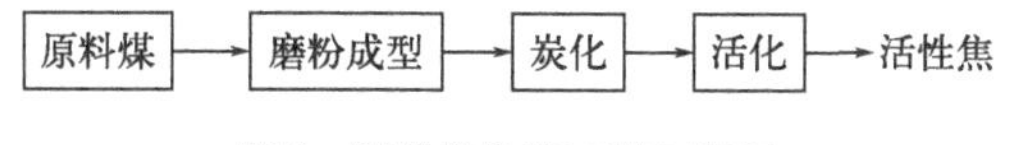

图1 活性焦生产工艺示意图

2.2 活性焦烟气脱NO评价实验装置

活性焦烟气脱NO_x工艺主要由模拟烟气系统、吸附脱NO_x系统和检测系统组成，模拟烟气成分见表2。

表2　模拟烟气成分

N_2/%	O_2/%	H_2O/%	NH_3/（mg/kg）	NO_x/（mg/kg）
69～87	8～18	5～13	500	400

配气部分气体流量由质量流量控制器精确控制，反应器为固定床反应器，每次装料量300mL，气体由红外检测仪连续检测。全部实验数据由计算机自动记录。

3　结果及讨论

3.1　活性焦吸附NH_3性能

由于活性焦脱除NO的反应是NO与NH_3的氧化还原反应，因此活性焦吸附NH_3性能对活性焦脱除NO非常重要。此外，活性焦还可用于吸附NH_3净化空气，异味气体NH_3主要存在于环境中。随着环境质量标准的日益提高，对低浓度NH_3去除的研究逐步受到重视。NH_3为典型的碱性极性分子，分子直径很小（0.26nm），与SO_2相近，它们的偶极距也相近，（NH_3为1.468，SO_2为1.66）活性焦对极性分子的吸附有别于非极性分子。在极性分子的吸附过程中，除色散力外，其他形式的分子间力以及氢键等远程力在极性分子吸附中更显得重要。活性焦经表面改性处理后，活性焦表面化学性质和孔结构均发生变化[2]。从图2可以看出，

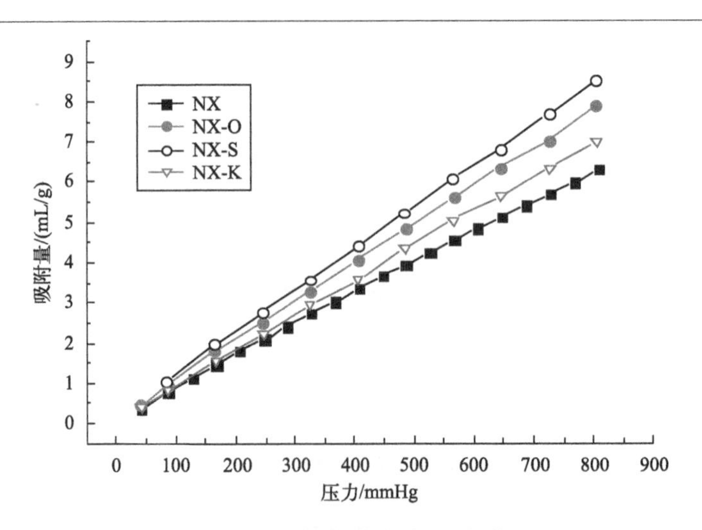

图2　煤科院活性焦吸附NH_3性能

（1mmHg=133.3224Pa）

活性焦具有吸附NH_3的能力，经酸、碱改性处理后其吸附NH_3的性能增强，这表明活性焦表面化学性质和官能团对其吸附NH_3的性能有重要影响。

3.2 活性焦吸附NO性能

烟气中污染物NO为酸性氧化物，NO分子的极性较小，在空气中被氧化成NO_x，形成光化学烟雾污染环境。NO主要来源于烟气和机动车尾气。活性焦吸附法被认为是一种有效控制NO污染的方法。活性焦吸附NO过程中，炭对NO的催化作用对吸附性能影响很大。通过化学改性，如KOH浸渍活性焦或将一些Cu盐、Fe盐等分散在活性焦上，可提高NO吸附性。近年来，有人研究了在不含金属或者金属氧化物的活性焦上的脱硝反应。活性焦脱除NO是通过吸附在酸性或脱氢活性点上NH_3与吸附在活性焦表面氧化位上的NO发生还原反应进行。因此，不难理解活性焦表面含氧基团与活性焦的催化活性直接相关。从图3可以看出，活性焦具有吸附NO的能力，活性焦经酸、碱改性处理后其吸附NO的性能增加，这也表明活性焦表面化学性质和官能团对其吸附NO的性能有重要影响。

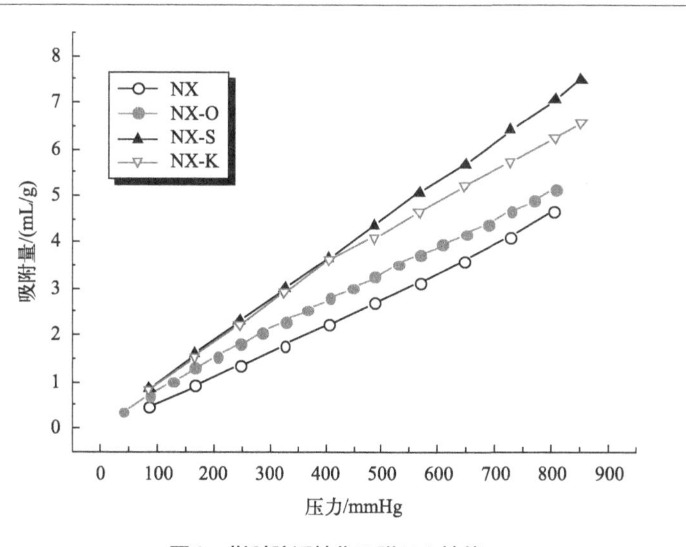

图3 煤科院活性焦吸附NO性能

3.3 活性焦催化NH_3和NO反应性能

活性焦脱除烟气中NO的反应过程如下：

$$4NO + 4NH_3 + O_2 = 4N_2 + 6H_2O \quad (1)$$

$$2NO_2 + 4NH_3 + O_2 = 3N_2 + 6H_2O \quad (2)$$

实验模拟烟气组成，采用NH_3作还原剂，将NO还原成N_2。由于烟气中氮氧化物主要是NO，反应式（1）是发生的主要化学反应。所需的NH_3/NO_x比接近化学计量关系。催化作用主要降低NO分解反应的活化能。从图4可以看出，活性焦具有吸附NO的能力，在三种活性焦中，煤科院研制的活性焦吸附脱除NO的性能最好。

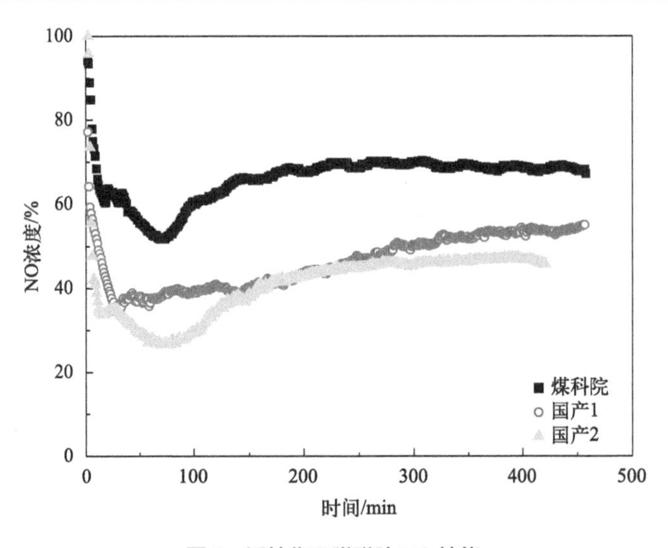

图4 活性焦吸附脱除NO性能

4 结论

试验结果表明活性焦均具有吸附NH_3和NO性能，对活性焦表面的酸、碱改性处理均可以提高活性焦吸附NH_3和NO性能。在活性焦表面催化NH_3和NO发生化学反应，脱除气体中的NO，其中煤科院研制的活性焦脱除NO性能最好，活性焦脱除NO性能和活性焦表面的化学性质有关。

参考文献

[1] 张文辉，刘静. 干法烟气脱硫技术——活性焦烟气脱硫技术[C]//中国环境保护协会. 第三届全国脱硫工程技术研讨会论文集. 北京，2004: 218-223.

[2] 单晓梅，李书荣，张文辉，等. 氧化处理对煤制活性炭和椰壳活性炭孔结构和表面化学性质的影响[C]//中国科学院山西煤炭化学研究所. 第六届全国新型炭材料学术研讨会论文集. 昆明，2003: 152-154.

2-17 我国净化水活性炭生产现状及控制活性炭净化水pH值升高方法研究*

摘要：我国净化水用活性炭主要采用物理活化法以煤为原料进行生产，产品主要有粉状活性炭和颗粒活性炭等，颗粒活性炭主要有柱状活性炭、柱状破碎活性炭、压块破碎活性炭和原煤破碎活性炭等。由于我国具有适合柱状活性炭、柱状破碎活性炭和原煤破碎活性炭生产的原料煤，因此这些活性炭在中国均大批量稳定生产，并且大部分产品出口；但由于我国缺少适合压块破碎活性炭生产的原料煤，因此使压块破碎活性炭在我国至今没有大批量稳定生产。无论采用哪种物理活化法生产的活性炭净化水，均不同程度存在活性炭净化水pH值升高的问题，试验研究结果表明对活性炭进行浸渍处理，改变活性炭表面的化学结构，可减少活性炭净化水pH值的升高。

关键词：活性炭；净化水；pH

1 引言

为了保证城市居民饮用水和工业生产用水的质量，已有越来越多的城市供水厂和企业供水站采用活性炭对水进行深度净化处理，清除水中的各种污染物，保证居民的身体健康和生产用水质量。目前国内外用于城市供水净化的活性炭主要有粉状活性炭和颗粒活性炭等，其中颗粒活性炭主要有柱状活性炭、柱状破碎活性炭、压块破碎活性炭和原煤破碎活性炭等，但无论采用哪种物理活化法生产的活性炭净化水，均不同程度存在活性炭净化水pH值升高的问题。本文简要介绍了我国各种水处理用活性炭生产现状和控制活性炭净化水pH值升高方法的试验研究结果。

---

* 本文发表于2004年全国城镇饮用水安全保障技术研讨会，作者还有王岭、李书荣、梁大明。

2 我国煤炭资源与活性炭生产现状

2.1 我国煤炭资源特征

我国煤炭资源丰富，煤种齐全，目前探明保有储量已达1万亿t左右[1]，居世界第二，但我国煤炭资源分布很不均匀，我国煤炭资源分布自然特征主要有以下几点：

（1）按各主要聚煤期所形成的煤炭资源量看，差别较大，其中以侏罗纪成煤最多，占总量的39.6%，以下依次为石炭二叠纪38.0%，白垩纪12.2%，这和全球性主要聚煤期的储量分布基本一致。

（2）从地域上看，煤炭资源相对比较集中，在南北分布上，主要集中在我国北方，在东西分布上，主要分布在西部。

（3）从煤种上看，从褐煤、烟煤到无烟煤等各种煤炭资源均有，但其数量和分布却极不均衡，除褐煤占已发现资源的12.7%以外，在烟煤和无烟煤中，低变质烟煤所占比例为总量的42.4%，贫煤和无烟煤占17.3%，炼焦用煤数量较少，只占27.6%，而且大多数为气煤。我国炼焦煤灰分含量较高，一般在10%以上，而且可选性差，而在我国低变质程度烟煤和无烟煤中具有低灰煤，灰分含量低于5%，个别煤种灰分含量低于2%，这为我国煤基活性炭生产发展提供了宝贵的生产原料用煤。

2.2 我国活性炭生产用煤质量要求

煤基活性炭生产原料用煤来源广泛，一般来说，腐植煤中泥炭、褐煤、烟煤、无烟煤都可作为生产煤基活性炭的原料煤，但由于原料煤性质不同，不同煤种生产的活性炭性质差别很大，其适用领域也不相同。由于活性炭是一种吸附材料，为提高其吸附性能，满足不同应用领域的需要，要求活性炭杂质含量低、吸附性能好、强度高，而且生产成本低。因此对用于煤基活性炭生产的原料煤质量有较高的要求，对活性炭产品质量影响较大的原料煤质量指标有水分、灰分、挥发分、固定碳、可磨性、反应性等[2]。

活性炭生产对原料煤质量要求较高，一般首先要求煤的灰分低，其次要求煤的反应活性高、可磨性好等，一般可根据活性炭产品对吸附性能及孔结构的要求选择活性炭生产用原料煤。在选择活性炭原料煤时除考虑灰分指标外，还要考虑灰熔点、可磨性、热稳定性及水分等质量指标。

根据活性炭用煤质量要求和我国煤炭资源分布状况，我国活性炭生产用煤主要是低变质程度的烟煤（其中包括不黏煤、弱黏煤和长烟煤等）和无烟煤等，因为在这两类煤中有灰分低、固定碳含量高的煤种，我国用于活性炭生产的无烟煤和低变质程度烟煤工业分析和元素分析见表1；而我国褐煤和炼焦生产用煤（其中包括气煤、肥煤、焦煤和瘦煤）灰分普遍较高，而且可选性差，用这两种煤很难生产满足用户使用要求的活性炭产品，因此在我国一般不用这两种煤生产活性炭。

表1　我国活性炭生产用无烟煤和低变质程度烟煤分析结果/%

煤种	A_{ad}	V_{ad}	M_{ad}	$S_{t,ad}$	C_{daf}	H_{daf}	N_{daf}
无烟煤	3.66	8.53	0.22	0.13	90.39	3.74	0.74
低变质烟煤	3.14	28.26	3.14	0.44	83.96	5.14	0.84

2.3　我国净化水用煤基颗粒活性炭生产现状

活性炭产品性能主要决定于生产原料的性质和生产工艺技术。因此许多人认为活性炭是资源性的技术型产品，即生产原料性质和工艺技术决定活性炭产品性能。按生产原料划分活性炭可分为煤基活性炭、果壳活性炭和木质活性炭等。由于煤基活性炭生产原料来源稳定可靠，且价格低廉，因此一般煤基活性炭是最廉价的活性炭品种，主要用于城市供水净化、污水处理和气体净化等领域，是目前产量最大的活性炭品种。

如果从活性炭净化水性能来讲，各种活性炭均具有吸附净化脱除水中污染物的能力，尤其是吸附脱除水中微量有机污染物的能力是其他净化水方法很难取代的。活性炭产品种类很多，但各种活性炭净化水性能不同，究竟选用哪种活性炭净化水，主要取决于活性炭的性能价格比。

由于煤基活性炭生产原料来源稳定可靠，价格低廉，可以大批量生产，因此国内外水净化处理主要采用煤基活性炭，按活性炭形状划分主要有粉状活性炭和颗粒活性炭等。颗粒活性炭主要有压块破碎活性炭、原煤破碎活性炭、柱状破碎活性炭和柱状活性炭等。我国生产的各种水净化用颗粒活性炭主要指标见表2。

目前我国大批量生产的煤基活性炭有原煤破碎活性炭、柱状破碎活性炭和柱状活性炭等，压块破碎活性炭处于研究开发试生产阶段，产量不大，并且质量波动较大。而国外水净化主要采用压块破碎活性炭，产生这种差别的主要原因是我国煤炭资源状况和国外不同。

表2 我国水净化用颗粒活性炭主要指标

种类	亚甲蓝/(mg/g)	碘值/(mg/g)	堆积密度/(g/mL)	pH值	强度/%	水分/%	灰分/%
柱状活性炭	100～280	850～1150	0.4～0.55	4.5～11	95～99	<5	6～12
柱状破碎活性炭	100～280	600～1050	0.4～0.6	4.5～11	90～98	<5	6～12
原煤破碎活性炭	100～210	600～1080	0.4～0.5	7～9	85～95	<5	8～16
压块破碎活性炭	180～240	900～1100	0.45～0.50	7～10	85～95	<5	8～16

柱状活性炭和柱状破碎活性炭对生产用原料煤的要求是低灰、成型性好和成孔性能好；原煤破碎活性炭对生产用原料煤的要求是低灰、热稳定性好和成孔性能好。满足上述要求的煤种在中国均可以找到，而且产量大、煤质稳定，依托这种特有的资源优势，上述几种活性炭产品均在中国大批量生产，并且畅销全世界。压块破碎活性炭对生产用原料煤的要求是低灰、成型性好、成孔性好，并且必须具有一定的黏结性，这种煤只能在炼焦煤种中去寻找，而我国炼焦煤由于灰分较高且洗选性差，很难满足压块活性炭生产的要求，因此在中国很难用单一煤种采用压块活性炭生产工艺生产合格的压块活性炭产品，虽然我国在20世纪80年代就从国外引进了先进的压块成型设备，但压块活性炭一直在我国没有大批量稳定生产，其主要原因是在我国现有开发的煤田中没有适合压块活性炭生产用的原料煤。目前解决压块活性炭生产用的原料煤问题最好的方法是配煤技术，就是将不同性质的煤按压块活性炭生产用煤的要求进行配比，满足压块活性炭生产的要求，但由于这种技术存在原料煤运距离过长、质量不稳定，并且生产成本高等问题，导致目前我国压块活性炭产品存在质量不稳定、产品售价高、市场竞争力差等问题，限制了这种产品的广泛应用。这一问题的根本解决还有赖于对我国煤炭资源进行详细普查，尤其是重点研究新开发煤田煤的性质，争取找到适合压块活性炭生产的原料煤，降低生产成本，推动我国压块活性炭生产和应用的发展[3]。

3 活性炭表面处理对活性炭净化水pH升高的影响

水经过活性炭净化过滤后在相当长的一段时间内pH值显著升高，超过了国家饮用水和工业生产用水的质量要求，使这部分水不能使用。无论采用哪种活性炭净化水，均不同程度存在pH值升高的问题，如果此问题不解决将造成我国水资源的极大浪费。

活性炭净化水pH值升高的主要原因是：活性炭有巨大的比表面和吸附力，在吸附水中各种污染物的同时，吸附了水中大量离子，破坏了水中原有的离子平衡，使活性炭净化水的pH值升高，造成活性炭净化水pH值不符合国家饮用水和工业生产用水的质量要求。

本文试验选用的活性炭为物理活化法生产的柱状破碎活性炭，其未处理的柱状破碎活性炭净化水用pH变化见图1。本文试验研究用的浸渍溶液含有盐酸、硝酸、丙酸、硼酸、柠檬酸、苦味酸、水杨酸、硫酸、乙酸或相应的酸盐中的一种或几种，其浓度在0.1%～40%，对活性炭进行浸渍，浸渍时间5～80h，浸渍完后活性炭用于净化水。

浸渍处理后的活性炭净化水后pH变化见图1。从图1可以看出，经过浸渍处理的活性炭净化水pH显著降低，并达到国家饮用水对pH的要求，因此对活性炭进行浸渍处理降低活性炭净化水pH值是完全可行的，由于增加了活性炭中有机物的含量，用这种处理方法不仅降低了活性炭净化出水的pH值，而且有利于活性炭表面生物膜的生长，提高活性炭的生物净水能力。

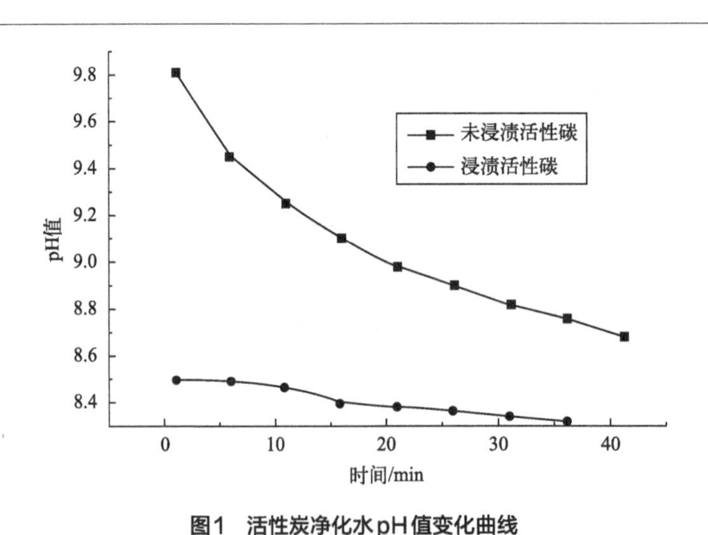

图1　活性炭净化水pH值变化曲线

此方法降低活性炭净化水pH值的原理是：在活性炭用于净化水前，对活性炭进行预处理，改变了活性炭表面的化学结构，活性炭用于净化水时释放出酸性离子，从而维持水中的离子平衡，减少pH升高，同时提高水质，使其符合国家饮用水和工业生产用水的质量标准。此技术处理活性炭的成本<100元/t（活性炭），是传统活性炭酸洗技术控制活性炭净化水pH升高技术成本的1/10。

4 结论

我国净化水用活性炭主要采用物理活化法以煤为原料进行生产，产品主要有粉状活性炭和颗粒活性炭等，其中颗粒活性炭主要有柱状活性炭、柱状破碎活性炭、压块破碎活性炭和原煤破碎活性炭等；活性炭产品种类多，但各种活性炭产品净化水性能不同，究竟选用那种活性炭主要取决于活性炭的性价比。

由于我国具有适合柱状活性炭、柱状破碎活性炭和原煤破碎活性炭生产的原料煤，因此这些活性炭均已在中国大批量生产，不仅用于中国城市供水净化，而且出口工业发达国家，依赖这种独特的资源优势，中国成为世界最大的活性炭产品出口国。

受煤炭资源分布的限制，中国缺少适合压块破碎活性炭生产用原料煤，使压块破碎活性炭在我国至今没有大批量稳定生产，限制了这种活性炭产品在中国的广泛应用。

无论采用哪种活性炭用于净化水，均不同程度存在活性炭净化水pH值升高的问题，对活性炭进行浸渍处理，改变活性炭表面的化学结构，可以减少活性炭净化水pH值升高，使其符合国家饮用水和工业生产用水的质量标准。

参考文献

[1] 陈鹏．中国煤炭性质、分类和利用[M]．北京：化学工业出版社，2001.
[2] 李文华．煤的配合加工与利用[M]．徐州：中国矿业大学出版社，2000.
[3] 张文辉，等．压块破碎活性炭生产及吸附性能分析[J]．煤炭科学技术，2000, 28(2): 2.

2-18

活性炭吸附$Au(CN)_2^-$机理研究*

摘要：本文研究了椰壳炭，煤质炭吸附$Au(CN)_2^-$的性能，首次发现煤质炭比表面积低于椰壳炭，其平衡吸附$Au(CN)_2^-$容量高于椰壳炭；用傅里叶变换漫反射红外光谱测定了活性炭化学结构；研究结果表明$Au(CN)_2^-$在活性炭上是络合吸附，与活性炭芳环缩聚程度有关，芳环缩聚程度高，吸附$Au(CN)_2^-$容量大。

关键词：活性炭；$Au(CN)_2^-$

1 概述

20世纪初以来，活性炭吸附$Au(CN)_2^-$机理引起许多人的兴趣，但直到用活性炭吸附$Au(CN)_2^-$提取金的炭浆工艺广泛应用的今天，活性炭吸附$Au(CN)_2^-$机理仍然是一个谜，目前人们提出的活性炭从氰化液中吸附$Au(CN)_2^-$机理主要有以下七种。

（1）$Au(CN)_2^-$在活性炭表面被还原为单质金吸附在活性炭上。

（2）活性炭吸附（M^{n+}）$[Au(CN)_2^-]_n$离子对。

（3）以（M^{n+}）$[Au(CN)_2^-]_n$形式吸附在炭上，随后被还原成一种尚待查清的化合物。

（4）由于静电作用，$Au(CN)_2^-$被吸附在炭表面，形成$Au(CN)_2^-$阴离子和阳离子双电层。

（5）通过和OH^-离子交换吸附在炭上，然后被氧化为不溶的AuCN。

（6）由于色散力作用，$Au(CN)_2^-$以或$HAu(CN)_2$或$Au(CN)_2^-$-Na^+吸附在炭表面上。

（7）$Au(CN)_2^-$在炭表面吸附介于化学吸附、物理吸附之间，与炭的化学结构有关。

目前由于不能准确分析活性炭表面官能团、各研究者选用的活性炭和工艺条

* 本文发表于《新型炭材料》1992年第3期，作者还有陈鹏、安丰刚。

件不同等原因，研究结果分歧较大，到目前为止没有一种理论能解释所有实验结果。为此我们重点研究了几种活性炭吸附$Au(CN)_2^-$性能，对其吸附机理进行了探讨，其结果对指导黄金炭制造、炭浆厂生产及活性炭选择具有重要意义。

2 实验方案

2.1 动力学实验

在图1所示恒温搅拌反应器中，测定活性炭吸附$Au(CN)_2^-$动力学曲线；配制一定量已知浓度的$Au(CN)_2^-$溶液放入反应器中，搅拌速度为中速，放入1g活性炭，定时取样每次2mL，用原子吸收光谱检测溶液中金浓度，测定结果见图2。

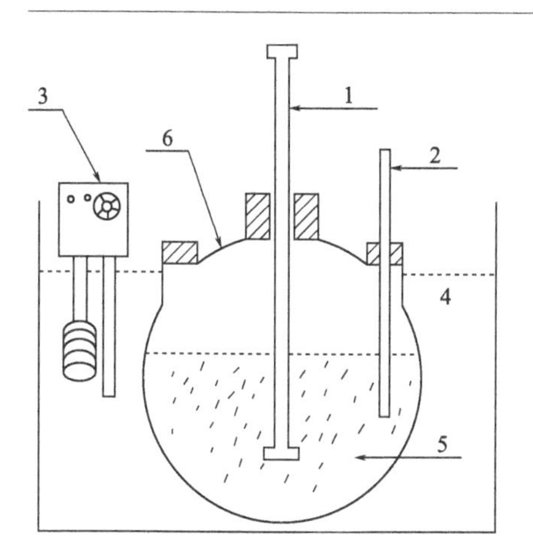

图1 恒温搅拌反应器

1—搅拌器；2—温度计；3—加热器；4—水浴；5—活性炭；6—反应器

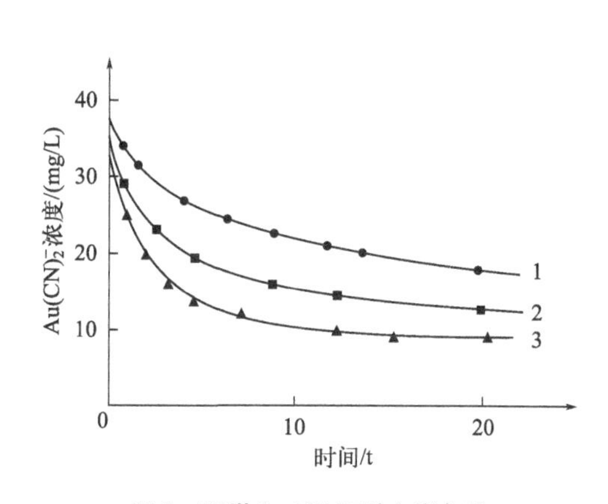

图2 吸附$Au(CN)_2^-$动力学曲线

1—3.2T煤质活性炭；2—GRC椰壳活性炭；3—2.5h椰壳活性炭

2.2 平衡吸附实验

研磨活性炭，使其粒度<0.2mm，称取不同质量的炭样，放入已知浓度同样

体积的$Au(CN)_2^-$溶液中，在恒温20℃条件下吸附7天，然后过滤分离，用原子吸收光谱分析溶液中金浓度，用差减法计算活性炭上吸附金的量，其固液平衡关系符合弗罗因德利希吸附等温式（$q=MC^n$，C为液相浓度，q为固相浓度），等温式系数见表1。

表1　弗罗因德利希吸附等温式系数

炭样	M	n
GRC	9.92	0.502
2.5h	11.03	0.416
3.2T	13.82	0.352

2.3　活性炭孔结构测定

用意大利CARLO、ERBA公司生产的1800型吸附仪和2000型压汞仪分别测定活性炭微孔、中孔和大孔及吸附性能见表2、表3、表4。

表2　压汞法测定结果

炭样	孔径分布					孔容积①/(mL/g)
	<100Å	100～794Å	794～25119Å	25119～251189Å	<251189Å	
煤质活性炭3.2T	3.9%	7.4%	78.4%	9.7%	0.6%	0.3386
椰壳活性炭GRC	6.9%	25.2%	52.3%	14.8%	0.8%	0.3446

注：1Å=10^{-10}m，下同。

① 不包括微孔孔容。

表3　BET法测定结果

炭样	孔径分布			孔容积①/(mL/g)
	<20Å	20～110Å	110～300Å	
3.2T	92.5%	5%	1.9%	0.369
GRC	82.5%	12.7%	4.8%	0.495

① 孔容按脱附曲线计算，仅包括半径小于300Å的孔容。

表4　活性炭吸附性质和物理性质

炭样	原料	碘值/(mg/g)	比表面积/(m^2/g)	强度/%	平均直径/mm	孔容积/(mL/g)
GRC	椰壳	1043	845.1	99.1	1.60	0.523
2.5h	椰壳	1149	983.3	97.4	1.75	0.7049
3.2T	煤成型	983	680.8	98.5	2.50	0.4198

3 结果讨论

3.1 活性炭吸附$Au(CN)_2^-$性能比较

从表1、表2我们可以看出本实验选用煤质活性炭虽然比表面低于椰壳炭，但其$Au(CN)_2^-$平衡吸附容量高于椰壳炭，这表明$Au(CN)_2^-$在活性炭上的吸附以化学吸附为主，与活性炭表面化学结构有关。

目前国内公开发表的实验结果为煤质炭吸附$Au(CN)_2^-$容量低于椰壳炭，吸附主要发生在微孔，其原因是吸附$Au(CN)_2^-$平衡时间短，一般只有五六个小时。国外学者曾指出活性炭吸附$Au(CN)_2^-$是一个很缓慢的过程，即使几百小时也达不到平衡。由图2可以看出无论是椰壳炭还是煤质炭，在吸附20h后溶液浓度仍有变化，因此用吸附时间仅五六个小时的吸附量去表示平衡吸附量是不正确的，与其说表示平衡吸附量，不如说表示吸附速率更为准确，因为此时远未达到平衡。

煤质活性炭吸附速率低于椰壳炭，主要因为煤质炭与椰壳炭孔结构不同。从表2、表3可以看出椰壳炭中孔（20～794Å）比煤质炭多，因此中孔是影响活性炭吸附$Au(CN)_2^-$速度的主要孔径，若要提高活性炭吸附$Au(CN)_2^-$的速率，则需增加活性炭中孔的数量。

3.2 活性炭吸附$Au(CN)_2^-$机理

为了分析活性炭的化学结构对吸附$Au(CN)_2^-$性能的影响，用傅里叶变换漫反射红外光谱测定了椰壳活性炭（GRC）和煤质活性炭（3.2T）红外光谱图，如图3、图4所示。

由图3可以看出，在2900cm^{-1}附近有三个脂肪烃特征峰，在1400cm^{-1}附近有比较明显的复合峰，而在煤质炭红外光谱图上（图4），这两处的峰都很弱，这表明椰壳活性炭比煤质活性炭含有较多的脂肪烃键。

按煤变质程度的观点，随变质程度增加，芳环缩聚程度提高，脂肪烃侧链及氧、氮杂原子含量减少，反之脂肪烃键少，则意味着变质程度高，芳环缩聚程度高，因此可以断定煤质活性炭芳环缩聚程度高于椰壳炭。

有机化学研究结果表明芳环缩聚程度越高，其大π电子云密度越大，其给予π电子形成络合物能力越强。因此我们认为，当活性炭吸附$Au(CN)_2^-$时，炭表面的缩聚芳环就会作为一个配位体向$Au(CN)_2^-$偏移，π电子使活性炭表面吸附的金低于

+1价，形成π络合物。活性炭吸附$Au(CN)_2^-$是络合吸附。由于煤质活性炭芳环缩聚程度高于椰壳炭，其表面与$Au(CN)_2^-$形成π络合物的活性点较多，尽管其比表面低于椰壳炭，但$Au(CN)_2^-$平衡吸附容量仍高于椰壳炭。

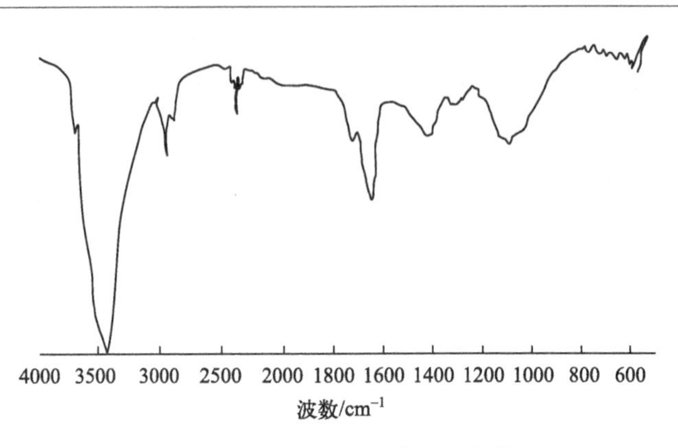

图3 椰壳活性炭（GRC）红外光谱图

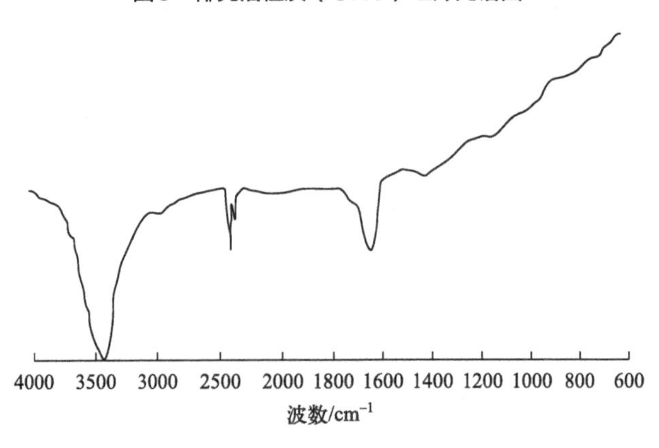

图4 煤质活性炭（3.2T）红外光谱图

4 结论

$Au(CN)_2^-$在活性炭上吸附是络合吸附，其吸附量与活性炭芳环缩聚程度有关，芳环缩聚程度高，其平衡吸附容量大。

2-19
双速率数学模型在煤质活性炭液相吸附方面的应用*

摘要：本文用双速率数学模型拟合了煤质活性炭从溶液中吸附$Au(CN)_2^-$、吸附碘的动力学曲线，计算了双速率数学模型参数；分析了模型参数与孔结构关系、孔结构对液相吸附速度的影响。结果表明，煤质活性炭从溶液中吸附$Au(CN)_2^-$，吸附碘的速度低于椰壳活性炭的主要原因是大孔、中孔少。

关键词：双速率数学模型；煤质活性炭；液相吸附

1　引言

近年来，国内外对活性炭的液相吸附进行了大量研究，不少研究工作者旨在探明活性炭的多孔结构对液相吸附性能的影响，建立模拟活性炭液相吸附过程的数学模型，由Peel等人根据活性炭多孔结构特点建立的双速率数学模型就是其中成功的一个[1]。该模型已被广泛用于活性炭水处理、吸附$Au(CN)_2^-$反应器设计、提金厂用活性炭选择等方面。

为了进一步认识煤质活性炭液相吸附过程，提高其质量，扩大煤质活性炭应用领域，本文用双速率数学模型拟合了煤质活性炭从氰化金溶液中吸附$Au(CN)_2^-$，从碘溶液中吸附碘的动力学曲线，计算了模型参数，分析了模型参数与孔结构关系、孔结构对液相吸附速度的影响。

---

*　本文发表于《煤化工》1993年第1期，作者还有陈鹏、安丰刚。

2 实验

2.1 炭样选取

选取一种从美国进口的椰壳炭（GRC），自制二种煤质活性炭（3.2T、3.2bT），其物理性质、吸附性质列于表1。

表1 活性炭吸附性质和物理性质

炭样	原料	碘值/（mg/g）	比表面积/（mg/g）	强度/%	平均直径/mm	孔容积/（mL/g）
GRC	椰壳	1043	845.1	99.1	1.60	0.523
3.2T	煤成型	983	680.8	98.5	2.50	0.420
3.2bT	煤成型	916	626.6	98.5	2.50	0.421

2.2 平衡吸附实验

研磨活性炭，使其粒度＜0.2mm，称取不同重量的炭样分别放入已知浓度同样体积的氰化金溶液和碘溶液中，在恒温20℃条件下分别吸附7天、6天，用原子吸收光谱法分析溶液中金浓度，用$Na_2S_2O_4$反滴定法测定溶液中碘浓度，用差减法分别计算活性炭上金和碘的吸附量，测定结果按$q=MC^n$弗罗因德利希吸附等温式计算。式中q是活性炭粒上的金浓度，mg/g；C为溶液中的金浓度，mg/L；M及n为等温式系数。计算结果列于表2、表3。

表2 活性炭吸附$Au(CN)_2^-$双速率数学模型及平衡吸附参数

炭样	等温式系数 M	等温式系数 n	液相传质系数 K_f/（cm/h）	大孔区扩散系数 K_m/（cm/h）	微孔区扩散系数 K_{mb}/h^{-1}	活性炭粒大孔区比例 a/%
GRC	9.92	0.402	161.71	0.01800	0.000805	0.84
3.2T	13.82	0.352	186.06	0.00860	0.004600	0.91
3.2bT	11.31	0.355	179.07	0.00945	0.006300	0.96

表3 活性炭吸附碘双速率数学模型及平衡吸附参数

炭样	等温式系数 M	等温式系数 n	液相传质系数 K_f/（cm/h）	大孔区扩散系数 K_m/（cm/h）	微孔区扩散系数 K_{mb}/h^{-1}	活性炭粒大孔区比例 a/%
GRC	4.84	0.3060	139.93	0.0815	0.00254	0.935
3.2T	3.22	0.3790	146.17	0.0495	0.00588	0.979
3.2bT	2.34	0.4396	139.55	0.0399	0.00459	0.972

2.3 动力学实验

在图1所示恒温搅拌式反应器中分别测定活性炭从氰化金溶液中吸附$Au(CN)_2^-$，从碘溶液中吸附碘的动力学曲线。方法为：配制一定量的氰化金溶液、碘溶液分别放入反应器中，搅拌速度为中速，然后放入活性炭，定时取样，每次1～2mL，用原子吸收光谱检测溶液中金浓度，用$Na_2S_2O_4$反滴定法测定溶液中碘浓度，其测定结果示于图2、图3。

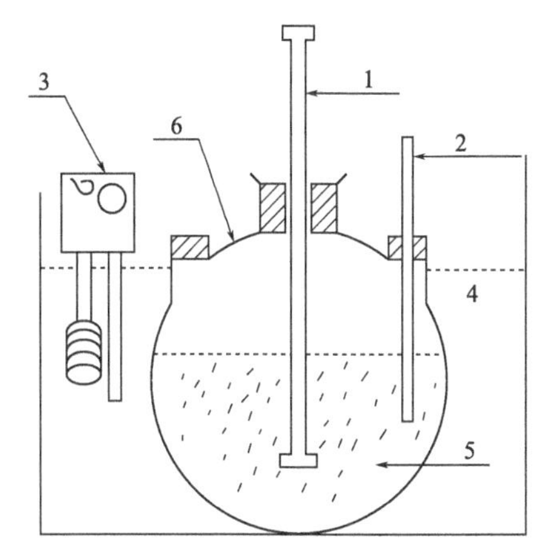

图1 恒温搅拌式反应器

1—搅拌器；2—温度计；3—加热器；
4—水浴；5—活性炭；6—反应器

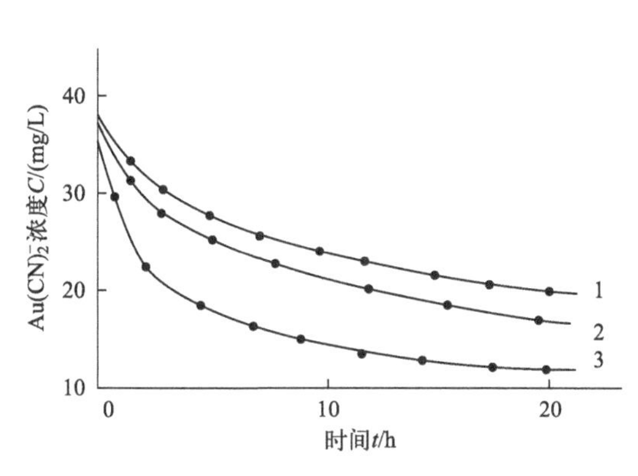

图2 活性炭吸附$Au(CN)_2^-$动力学曲线

1—3.2bT煤质活性炭；
2—3.2T煤质活性炭；3—GRC椰壳活性炭

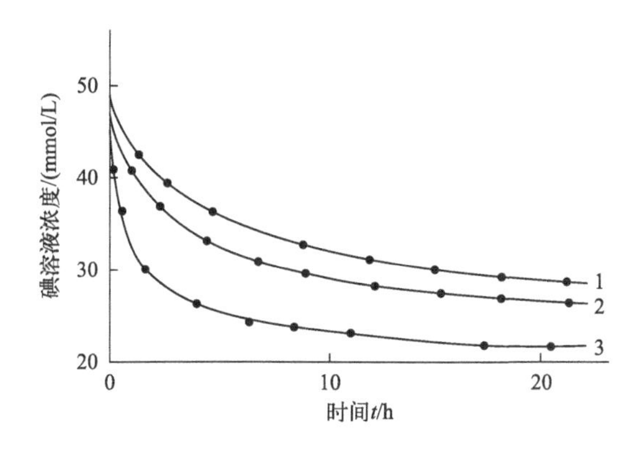

图3 活性炭吸附碘动力学曲线

1—3.2bT煤质活性炭；2—3.2T煤质活性炭；3—GRC椰壳活性炭

3 数学模型

用于描述活性炭液相吸附的数学模型比较多[1, 4]，但在各种数学模型中描述吸附质在活性炭颗粒上扩散的数学方程主要有以下三种：

3.1 表面扩散方程

$$\frac{\partial q}{\partial t}=\frac{D_s}{r^2}\times\frac{\partial}{\partial r}(r^2\frac{\partial q}{\partial r}) \tag{1}$$

式中，q为活性炭颗粒内吸附质浓度，mg/g；t—时间，h；D_s为吸附质在活性炭颗粒内扩散系数，cm^2/h；r为活性炭颗粒半径，cm；$\frac{\partial q}{\partial t}$为吸附质在活性炭颗粒上的增加速度。

3.2 一级动力学方程

$$\frac{dq}{dt}=K_p a_p(q_s-\bar{q}) \tag{2}$$

式中，q_s为固液界面固相平衡浓度，mg/g；$\bar{q}$为活性炭颗粒上吸附质平均浓度，mg/g；K_p为传质系数，cm/h；a_p为单位体积内颗粒外表面积，cm^2/cm^3。

3.3 二级动力学方程

$$\frac{d\bar{q}}{dt}=K_p a_p(\frac{q_s^2-\bar{q}^2}{2\bar{q}}) \tag{3}$$

由上述方程可以看出，这些模型都假设在整个吸附过程中活性炭颗粒内只有一个扩散速率、一个扩散系数，所有吸附点除了在活性炭颗粒径向存在位置差别外其余全相同。因此，吸附速率快、扩散系数大；吸附速率慢，扩散系数小。

用上述固体颗粒内只有一个扩散系数的单速率数学模型拟合活性炭液相吸附动力学曲线存在很大偏差，其中一个重要原因是这些模型没有考虑活性炭大孔、中孔、微孔对液相吸附速率的不同影响，而这种影响对活性炭液相吸附来说是不可忽略的。

Peel等人考虑活性炭多孔结构对吸附速率影响后建立的双速率数学模型克服了单速率模型的缺点，成功地拟合了活性炭从溶液中吸附苯酚的动力学曲线；Van Deventer[2]把此模型用于活性炭从溶液中吸附$Au(CN)_2^-$过程，取得一系列参数，用于活性炭吸附$Au(CN)_2^-$反应器设计。本文用此模型拟合煤质活性炭从氰化金溶液中吸附$Au(CN)_2^-$、从碘溶液中吸附碘的动力学曲线，该模型如图4所示。

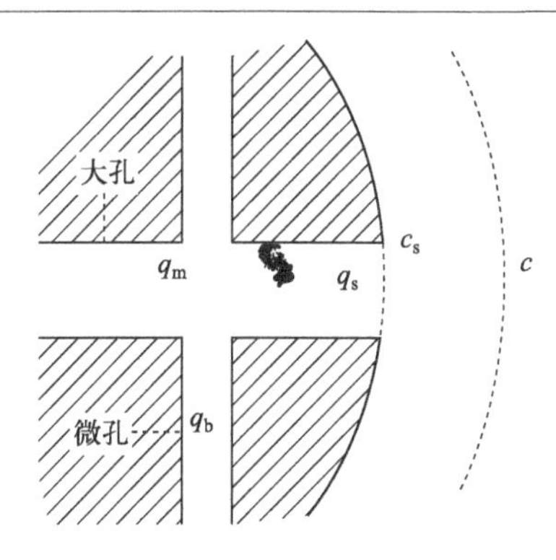

图4 双速率模型示意图

活性炭颗粒在双速率数学模型中被分成大孔区和微孔区两部分，吸附质在两个区域内扩散速率不同，两个区域相互连接，均匀分布在整个炭粒上，吸附质分子首先扩散通过炭粒外表面的边界层进入大孔区，然后由大孔区扩散进入微孔区。假设吸附反应不是速率控制步骤，表面扩散是大孔区的主要传质过程，大孔区到微孔区扩散速度符合线性动力学方程，由此可写出下列一级质量平衡方程[1, 5]。

液相质量平衡方程：

$$V\frac{\mathrm{d}c}{\mathrm{d}t} = -\frac{6K_f w}{\overline{d}_p\rho_c}(c - c_s) \tag{4}$$

式中，$V\frac{\mathrm{d}c}{\mathrm{d}t}$为溶液中溶质减少速率；$\frac{6K_f w}{\overline{d}_p\rho_c}(c - c_s)$为边界层扩散速率；$V$为液相溶液体积，$cm^3$；$c$为液相初始浓度，$g/cm^3$；$t$为时间，h；$K_f$为液相传质系数，cm/h；$w$为活性炭质量，g；$\overline{d}_p$为颗粒平均直径，cm；$\rho_c$为表观密度，$g/cm^3$；$c_s$为液固界面液相平衡浓度，$g/cm^3$。

大孔区质量平衡方程：

$$aW\frac{\partial q_m}{\partial t} = aW\frac{D_m}{r^2}\times\frac{\partial}{\partial r}(r^2\frac{\partial q_m}{\partial r}) - K_{mb}W(q_m - q_b) \tag{5}$$

式中，$aW\frac{\partial q_m}{\partial t}$为吸附质在大孔区累积速率；$aW\frac{D_m}{r^2}\times\frac{\partial}{\partial r}(r^2\frac{\partial q_m}{\partial r})$为固体表

面到大孔区扩散速率；$K_{mb}W(q_m-q_b)$为大孔区到微孔区扩散速率；a为活性炭颗粒上大孔区所占比例，%；q_m为大孔区浓度，mg/g；D_m为大孔区表面扩散系数，cm^2/h；r为活性炭颗粒半径，cm；K_{mb}为微孔区扩散系数，h^{-1}；q_b为微孔区浓度，mg/g。

用Vermeulen[3]提出的扩散模型二级动力学方程代替固体表面到大孔区扩散速率，则式（5）变为：

$$aW\frac{dq_m}{dt}=\frac{6K_mW}{\bar{d}_p}\left(\frac{q_s^2-q_m^2}{2q_m}\right)-K_{mb}W(q_m-q_b) \tag{6}$$

式中，K_m为大孔区扩散系数；q_s为液固界面固相平衡浓度，mg/g。

微孔区质量平衡方程：

$$W(1-a)\frac{dq_b}{dt}=K_{mb}W(q_m-q_b) \tag{7}$$

式中，$W(1-a)\frac{dq_b}{dt}$为吸附质在微孔区累积速率；$K_{mb}W(q_m-q_b)$为大孔区到微孔区扩散速率。

假设固液界面没有积累。则边界层扩散速度与固体表面到大孔区扩散速度相等。

$$\frac{K_f}{\rho_c}(c-c_s)=K_m\left(\frac{q_s^2-q_m^2}{2q_m}\right) \tag{8}$$

用Freundich等温式表示固液界面平衡：

$$q_s=Mc_s^n \tag{9}$$

式中，M、n为等温式系数。

式（4）、（6）、（7）、（8）、（9）构成简化双速率数学模型，用四级龙格—库塔法解此方程组，由吸附速率$\ln c$-t曲线最初几分钟实验值估算K_f，用非线性微分方程最小二乘法拟合实验值估算双速率模型系数a、K_m、K_{mb}，用FORTRAN语言编制计算程序。计算结果见表2、表3。

4 结果与讨论

4.1 双速率数学模型参数a、K_m、K_{mb}与活性炭孔结构关系

从双速率数学模型可以看出活性炭吸附速度既和溶液性质、流动状态有关，

又和活性炭孔结构、化学结构有关；双速率数学模型系数a、K_m、K_{mb}既反映溶液性质、流动状态对吸附速率的影响，又反映了活性炭孔结构对吸附速率的影响。因此，当溶液性质、流动状态等因素一定时，a、K_m、K_{mb}只和活性炭孔结构等因素有关，不同活性炭在同一实验条件下所测双速率数学模型系数a、K_m、K_{mb}的差别反映活性炭孔结构的差别。a、K_m、K_{mb}值高，说明活性炭大孔、中孔多，孔的形状规则，扩散阻力小，吸附速度快。

由于活性炭液相吸附的复杂性，很难判断双速率数学模型中的大孔区、微孔区，包括通常所说的那些孔，但可以确定双速率数学模型系数a、K_m、K_{mb}，综合反映活性炭各种孔的数量、孔的连接及孔形状等对吸附速率的影响。

4.2 活性炭孔结构对吸附速率的影响

由图2、图3可以看出，椰壳活性炭GRC从溶液中吸附$Au(CN)_2^-$和碘的速率高于煤质活性炭。由表2可以看出，椰壳活性炭双速率数学模型系数a略低于煤质活性炭，但椰壳活性炭K_m比煤质活性炭高约2倍，因此煤质活性炭吸附速率低于椰壳活性炭的主要原因是大孔区扩散系数K_m小。这意味着活性炭大孔、中孔少，孔的形状不规则。由表2还可以看出，煤质活性炭吸附$Au(CN)_2^-$的平衡吸附容量高于椰壳活性炭，表明煤质活性炭比表面积已足够大，若制造吸附$Au(CN)_2^-$性能接近椰壳活性炭的煤质活性炭，不需进一步增加煤质活性炭的比表面，以免降低煤质活性炭的强度。因此，在不增加活性炭比表面情况下提高煤质活性炭吸附$Au(CN)_2^-$速率需改善煤质活性炭的孔结构，适当增加中孔、大孔在孔径分布中所占比例，以减少扩散阻力，提高吸附速率。

参考文献

[1] Peel R G, Benedek A, Crowe C M. A branched pore kinetic model for activated carbon adsorption[J]. AICHE Journal. 1981, 27: 26-32.

[2] Deventer V. Reagents in the mineral industry [M]. London, 1984: 155.

[3] Vermeulen.Adsorption and ion exchange [M]// Chemical Engineers' Hand Book. 5th ed. New York: McGraw-Hill, 1973: 16.

[4] Fleck R D, Kirwan D J, Hall K R. Mixed-resistance diffusion kinetics in fixed-bed adsorption under coustant pattern conditions[J]. Industry Engineering Chemical Fundamental, 1973, 12(1): 95-99.

[5] Peel R G, Benedek A. A simplified driving force model for actived carbon adsorption[J]. The Canadian Journal of Chemical Engineering, 1981, 59: 688.

2-20

国外活性炭应用及我国活性炭发展趋势*

摘要：介绍了美国、日本和西欧等工业发达国家活性炭应用现状，分析了我国活性炭生产技术及产品的发展趋势。

关键词：活性炭；应用；趋势

中国是世界活性炭生产大国，活性炭总产量仅次于美国位居世界第二，但出口量位居世界第一，每年出口活性炭约7万～8万t，因此国外活性炭市场的需求对中国活性炭生产发展影响很大。本文介绍了美国、日本和西欧等工业发达国家近几年活性炭应用现状及发展趋势，分析预测了中国活性炭的发展趋势。由于配煤技术、催化活化技术、原料煤处理技术及新型成型技术在我国活性炭厂的广泛推广应用，我国活性炭正向着种类越来越多、质量越来越好的方向发展，以满足国内外不同用户的需求。

1　国外活性炭应用现状

活性炭是以煤、木材和果壳等含碳材料为原料制备的炭质吸附材料，广泛用于气体吸附、分离、净化及液体净化、溶质富集等。目前工业应用的活性炭有颗粒活性炭、粉状活性炭、成型活性炭和活性炭碳纤维等，活性炭主要应用在水处理、化工制药采矿、气体净化、食品加工、糖脱色、气体溶剂回收等领域。

工业发达国家近几年活性炭的应用表明环保问题是推动活性炭生产发展及消费量增加的主要推动力，而且在今后几年内环保问题仍然是活性炭生产发展及消费量增加的主要推动力。

据统计，美国在1994年至1998年期间活性炭消费增长率约3.5%；颗粒活性炭消费增长率高于粉状活性炭增长率，为3.7%；粉状活性炭消费增长率为3.3%。

---

* 本文发表于《煤》2001年第4期，作者还有刘春兰、阎文瑞。

美国活性炭主要应用领域及数量见表1[1]，美国活性炭主要应用领域为水处理，其中粉状活性炭用量约占50%，其余为颗粒活性炭；在气相领域主要采用颗粒活性炭。近几年,美国从中国和东南亚进口的廉价活性炭数量增加；国外权威机构预测美国今后几年活性炭的消费年增长率为4% ～ 4.5%。

表1 美国活性炭应用领域和数量 单位：kt

应用领域	1990			1994			1998			1998—2000年均增长率
	颗粒炭	粉状炭	合计	颗粒炭	粉状炭	合计	颗粒炭	粉状炭	合计	
液相										
饮用水	5.448	15.436	20.884	15.890	21.338	37.228	19.068	23.154	42.222	6
工业废水	6.356	8.626	14.982	7.718	13.62	21.338	9.988	14.074	24.062	5 ～ 6
生活废水	0.908	2.270	3.178	1.362	3.632	4.994	1.816	4.086	5.902	4
糖脱色	6.356	8.816	14.982	6.356	8.626	14.982	6.356	8.626	14.982	0
地下水	0.908	3.178	4.086	4.54	3.632	8.172	8.172	3.632	11.804	3 ～ 4
家庭应用	2.724	1.816	4.540	3.178	2.27	5.448	3.178	4.994	8.172	5
食品饮料	0.908	3.859	4.767	0.908	4.086	4.994	1.362	5.902	7.264	2 ～ 3
采矿	3.632	1.816	5.448	4.086	2.27	6.356	4.540	1.362	5.902	2
制药	2.043	2.27	4.313	2.270	2.27	4.540	2.270	2.270	4.540	0 ～ 1
干洗	1.816	0.454	2.270	1.816	0.454	2.27	1.362	0.454	1.816	0
电镀	0.227	0.454	0.681	0.454	0.454	0.908	0.454	0.454	0.908	2.0
化工及其他	4.086	2.27	6.356	4.540	2.724	7.264	4.540	2.724	7.264	2.5
合计	35.412	51.075	86.487	53.118	65.376	118.494	63.106	71.732	134.838	4%
气相										
气体净化	4.767	1.135	5.902	5.902	1.362	7.264	8.172	4.540	12.712	5
汽车	4.540		4.540	4.994		4.994	6.356		6.356	5
溶剂回收	4.994		4.994	6.356		6.356	4.086		4.086	4 ～ 5
香烟	0.8172		0.8172	0.454		0.454	0.454		0.454	0
其他	4.313	1.589	5.902	4.540	1.362	5.902	4.994	1.362	6.356	3
合计	19.4312	2.724	22.1552	22.246	2.724	24.97	24.062	5.902	29.964	4.5%
总合计	54.8432	53.799	108.6422	75.364	68.1	143.464	87.168	77.634	164.802	4% ～ 4.5%

西欧活性炭的消费增长速度在1994—1998年间低于美国，为0.7%。1998年西欧主要活性炭应用领域和数量见表2。面对从中国进口廉价活性炭数量的增加，1995年欧洲共同体对中国出口活性炭实行了反倾销。国外权威机构预测今后几年内西欧活性炭需求增长率为2%。欧洲严格的环保法规和传统工业是欧洲活性炭需求增长的推动力，但在欧洲，粉状活性炭需求量将下降，颗粒活性炭的需求量将增加。

表2 1998年西欧活性炭应用领域和数量

应用领域	数量/万t	市场份额/%
食品工业	2.76	32.1
化工/制药工业	2.08	24.2

续表

应用领域	数量/万t	市场份额/%
水处理	1.92	22.3
气体处理	1.84	21.4
合计	8.6	100%

1994年至1998年日本活性炭年需求增长率为1.9%，日本主要活性炭应用领域见表3。在这个时期，由于水处理和气相吸附用活性炭增加，颗粒活性炭需求量增加，而粉状活性炭需求量下降。在2003年以前，活性炭的总需求量仍会增加，其中水处理用活性炭需求量增加最快。

表3　日本活性炭应用领域和数量　　单位：万t

年份	水处理	气体吸附	化学工业	溶剂回收	食品	催化	其他	合计
1970	0.10	0.16	0.07	0.04		0.15	0.06	0.58
1975	0.76	0.80	0.07	0.05		0.06	0.07	1.84
1980	1.28	1.35	0.14	0.15	0.02	0.09	0.14	3.17
1981	1.43	1.37	0.12	0.15	0.10	0.1	0.14	3.41
1982	1.39	1.32	0.14	0.16		0.06	0.08	3.15
1983	1.56	1.42	0.14	0.15	0.01	0.07	0.06	3.41
1984	1.89	1.44	0.14	0.14	0.08	0.08	0.06	3.83
1985	1.65	1.69	0.09	0.16	0.09	0.08	0.08	3.84
1986	1.68	1.54	0.11	0.16		0.07	0.13	3.69
1987	1.73	1.49	0.10	0.17	0.06	0.07	0.07	3.69
1988	2.00	1.61	0.12	0.18	0.07	0.07	0.08	4.13
1989	2.13	1.71	0.13	0.19	0.07	0.06	0.13	4.42
1990	2.22	1.88	0.12	0.19	0.07	0.06	0.12	4.66
1991	2.74	1.89	0.15	0.13	0.06	0.04	0.09	5.10
1992	2.73	2.07	0.17	0.11	0.07	0.04	0.07	5.26
1993	2.79	1.97	0.18	0.13	0.08	0.03	0.09	5.27
1994	2.93	1.96	0.17	0.12	0.08	0.03	0.09	5.38
1995	3.03	1.96	0.22	0.14	0.09	0.05	0.14	5.63
1996	3.22	1.85	0.23	0.15	0.08	0.05	0.16	5.74
1997	3.65	1.83	0.23	0.13	0.08	0.04	0.13	6.09
1998	3.94	1.88	0.22	0.13	0.08	0.04	0.18	6.47

2　我国活性炭发展趋势

我国是世界最大的活性炭出口国，每年出口活性炭约7万～8万t，因此国外活性炭市场对我国活性炭生产发展影响很大，我们应根据国际活性炭市场需求，生产国外市场畅销的活性炭产品，这样我国活性炭企业才会取得好的经济效益。

活性炭产品用途广，产品种类多。从表1可以看出，在美国，水处理用活性炭、汽车用活性炭及溶剂回收用活性炭需求增长较快。我国活性炭企业近期应加强活性炭生产技术和产品开发力度，生产用于上述领域的各种活性炭产品，一定会取得好的经济效益。

我国活性炭工业生产起步于20世纪50年代，按生产原料划分有煤基活性炭、木质活性炭、果壳活性炭等。我国产量最大的煤基活性炭产品主要采用物理活化法生产，活化装置则主要采用我国20世纪50年代从苏联引进的斯列普炉。经过多次改进，炉体性能有了很大提高。我国煤基活性炭生产技术发展主要经历了单种煤生产活性炭、配煤生产活性炭及催化活化生产活性炭三个阶段。

单种煤生产活性炭是我国最早采用的一种生产工艺，至今许多工厂仍在采用，但受原料煤性质的限制，活性炭产品性能很难大幅度提高。为了弥补单种煤生产活性炭产品性能的缺陷，人们研究把性质不同的煤按一定比例配合生产活性炭，采用这种生产工艺可以在一定范围内改善、提高活性炭产品性能，我国许多活性炭厂已采用这种新工艺生产活性炭产品。为了生产某些具有特殊吸附性能的优质活性炭产品，在活性炭炭化、活化生产过程中加入催化剂，催化炭与水蒸气的活化反应，改变活化成孔机理，提高活性炭产品吸附性能，这种活性炭生产方法被称为催化活化法。目前煤炭科学研究总院北京煤化学研究所开发的这一生产工艺技术正在我国活性炭厂推广应用。

在活性炭生产用原料煤处理方面，我国正在研究开发煤的深度脱灰技术、新型成型技术。煤经过特殊洗选处理灰分可降到2%左右，以这种低灰煤为原料，可生产出性能优异的活性炭产品；采用新型成型技术可生产多种性能优异的活性炭新产品。

由于配煤技术、催化活化技术、原料煤处理技术及新型成型技术在我国活性炭厂广泛推广应用，我国活性炭正向质量越来越好、品种越来越多的方向发展，以满足国内外不同用户的需求。

虽然近十几年来我国活性炭工业有了很大发展，但和工业发达国家相比，在活性炭产品质量、品种方面仍存在许多问题，缺少低灰、高强度、高吸附性能、具有特殊用途的活性炭产品，因此，我国活性炭产品在国际市场上缺乏竞争力、售价低。我国活性炭行业急需提高活性炭产品性能和质量的新技术，以提高我国活性炭产品质量和性能，增强我国活性炭产品在国际市场上的竞争力。

3 北京煤化学研究所开发的活性炭新产品[2]

随着活性炭应用领域的不断扩大及对其吸附性能要求的不断提高，国外开发了一系列新的活性炭新产品，如高比表面活性炭、吸附催化活性炭等。近年来，活性炭产品的开发将朝着高强度、低灰、多功能、高吸附性、高选择性及廉价的方向发展。

北京煤化学研究所活性炭研究室是专门从事煤基活性炭生产技术及产品开发的国家级研究机构。近几年来，根据国际活性炭市场需求，以国内煤炭、果壳和木材为原料，经过多年潜心研究，成功开发了多种国际市场上畅销的活性炭新产品，其主要技术指标见表4。

表4　北京煤化学研究所开发的活性炭新产品主要技术指标

产品名称	产品产率/%	BWC/(g/100mL)	比表面积/(m^2/g)	亚甲蓝/(mg/g)	强度/%	备注
汽车炭	20～30	>9			>90	
溶剂回收炭	23～35	>8			>90	
大颗粒活性炭	30～55				>99	>8mm
烟气脱硫炭	40～65		300		>95	
低比表面积、低成本炭	45～55		>250		>90	
高比表面积炭	20～25		>1500		>85	
高亚甲蓝炭	22～28			>320		
高密度破碎炭	30～45			>240	>95	

3.1 汽车回收汽油用活性炭

为防止汽油挥发而浪费燃料和污染环境，发达国家汽车上一般要安装装填活性炭的碳罐。所用活性炭不仅要求吸附性能好，而且要求有较好的脱附性能，一般用丁烷工作空量BWC表示其性能优劣，要求BWC>9g/100mL。国内用常规方法生产的优质活性炭BWC只有6g/100mL左右，难以满足国外汽车使用要求。北京煤化学研究所活性炭室已开发出该产品生产技术，其主要性能达到国外同类产品性能要求。

3.2 溶剂回收活性炭

溶剂回收活性炭也是目前国际市场上畅销的活性炭产品，售价较高。北京煤化学研究所利用催化活化技术研制出中孔发达、强度高的高档溶剂回收用活性炭，该产品具有堆积密度高、吸脱附速度快等特点，填补了国内生产空白。

3.3 大颗粒活性炭

随着活性炭领域的不断扩大，一些新的应用领域要求活性炭有较大的粒度，以减少由于活性炭颗粒小而造成的床层压降。用常规方法生产的大颗粒吸附性能、催化性能及强度难以同时满足使用要求。根据我国煤质资源特点，以年轻煤为原料生产出直径大于8mm的大颗粒活性炭，其性能达到国际先进水平。

3.4 烟气脱硫用活性炭

随着环保要求的提高，烟气脱硫技术应用越来越普遍。采用活性炭脱硫的烟气脱硫技术，由于脱硫效率高且能同时脱硝，已引起越来越广泛的关注。德国、日本已建成数套工业装置，烟气脱硫用活性炭需求量逐年增加。北京煤化学研究所借鉴国外先进的生产工艺，在国内首次工业生产出硫容量高、强度好的优质烟气脱硫用活性炭。

3.5 低比表面积、低成本活性炭

随着环保要求的提高，市场上需要一种低比表面积、低成本的用于废水、废气和土壤改良的活性炭，如果用常规方法生产，成本高，用户难以接受。北京煤化学研究所开发的新工艺使这一产品生产成本大幅度降低，使其广泛应用成为可能，这一方法为国内首创，已申报发明专利。

3.6 高比表面积、高亚甲蓝活性炭

由于应用领域的扩大及对活性炭吸附性能要求的提高，高比表面积、高亚甲蓝活性炭也是目前市场上畅销的一种新产品，北京煤化学研究所采用新型催化活化技术生产出比表面积>1500m^2/g，亚甲蓝>300mg/g、强度>85%的优质煤基活性炭，此种活性炭产品用斯列普炉就可以生产。

3.7 压块破碎活性炭

压块破碎活性炭是一种不用焦油等黏结剂生产的一种孔发达的高档活性炭产品。该产品具有吸附性能好、堆积重高及漂浮率低等特点，是国际市场上畅销的活性炭产品之一。北京煤化学研究所从20世纪90年代初就开始研究压块破碎活性炭生产技术，在国内率先成功进行了工业试验并批量生产，该产品全部出口。

目前，北京煤化学研究所正在根据国内外活性炭市场的需求开发特种成型活性炭、碳分子筛等新产品及内热式回转活化炉等生产装置，预计不久的将来这些产品及装置就可以实现工业化生产。

4 结论

国外活性炭产品种类多、用途广，消费量逐年增加。环保问题是近年来国外活性炭需求增长的主要推动力；由于配煤技术、催化活化技术、原料煤处理技术及新型成型技术在我国活性炭厂广泛推广应用，我国活性炭产品正向质量越来越好、品种越来越多的方向发展，以满足国内外不同用户的需求。但和工业发达国家相比，我国在活性炭产品种类、质量方面仍存在很大差距，应加强活性炭产品的开发力度，以增强我国活性炭产品在国际市场上的竞争力。

参考文献

[1] Greiner E O C, Oppenberg B, Sakota K. CEH marketing research report: Activated carbon [R]. 1999.

[2] 张文辉，梁大明．活性炭生产新技术及新产品[C]//中国电工技术学会．第十八届炭・石墨材料学术会议论文集．西安，2000.